JAVA
超能学习手册

[英] 维克多·G.布鲁斯卡（Victor G.Brusca）◎著　简一达◎译

U0284114

清华大学出版社
北京

内 容 简 介

本书通过大家熟悉的三个 2D 游戏制作过程来讨论 Java 语言的各个特性，帮助读者掌握 Java 编程语言的基础知识，比如数据结构和 OOP。通过针对特定游戏项目和主题的编码挑战，读者将掌握如何使用 Java 编程语言、NetBeans IDE、一个 2D 游戏引擎来开发三个不同的 2D 游戏。

本书适合想要掌握 Java 开发技能的读者，可以为他们后续的职业生涯打下坚实的基础。

北京市版权局著作权版权合同登记号　图字：01-2023-2230

First published in English under the title

Introduction to Java Through Game Development: Learn Java Programming Skills by Working with Video Games
by Victor G. Brusca, edition: 1st Edition

Copyright © Victor G. Brusca, 2023

This edition has been translated and published under licence from
APress Media, LLC, part of Springer Nature.

此版本仅限在中华人民共和国境内（不包括中国香港、澳门特别行政区和台湾地区）销售。未经出版者预先书面许可，不得以任何方式复制或抄袭本书的任何部分。

本书封面贴有清华大学出版社激光防伪标签，无标签者不得销售。
版权所有，侵权必究。举报：010-62782989，beiqinquan@tup.tsinghua.edu.cn。

图书在版编目(CIP)数据

Java超能学习手册 / (英) 维克多·G.布鲁斯卡 (Victor G.Brusca) 著；简一达译.—北京：清华大学出版社，2023.6

ISBN 978-7-302-63821-6

Ⅰ.①J…　Ⅱ.①维…②简…　Ⅲ.①JAVA语言—程序设计—手册 Ⅳ.①TP312.8-62

中国国家版本馆CIP数据核字(2023)第106016号

责任编辑：文开琪
封面设计：李　坤
责任校对：周剑云
责任印制：刘海龙
出版发行：清华大学出版社
　　　　　网　　址：http://www.tup.com.cn, http://www.wqbook.com
　　　　　地　　址：北京清华大学学研大厦A座　　　　　邮　编：100084
　　　　　社 总 机：010-83470000　　　　　　　　　　邮　购：010-62786544
　　　　　投稿与读者服务：010-62776969, c-service@tup.tsinghua.edu.cn
　　　　　质量反馈：010-62772015, zhiliang@tup.tsinghua.edu.cn
印 装 者：天津安泰印刷有限公司
经　　销：全国新华书店
开　　本：178mm×230mm　　印　张：13　　字　数：243千字
版　　次：2023年6月第1版　　印　次：2023年6月第1次印刷
定　　价：99.00元

产品编号：102019-01

前 言

在本书中，你将通过一系列需要实际动手的游戏开发任务来学习 Java 编程语言的基础知识。通过完成特定主题的编码挑战，每次都侧重于本书展示的三个游戏的某个特定方面，你将获得使用 Java 编程语言、NetBeans IDE、一个 2D 游戏引擎和三个 2D 游戏的经验和知识。不多说了，请允许我先介绍一下本书采用的结构和惯例。

本书将指导你学习 Java 编程语言的基础知识和一些高级主题。在讨论不同主题的过程中，你面临的挑战是更改、修复、编写以及 / 或者调试本书呈现的三个游戏之一：

- Pong Clone（克隆乒）
- Memory Match（记忆配对）
- Dungeon Trap（地牢陷阱）

每个游戏都是用本书包含的一个专用 2D 游戏引擎编写的。该引擎是开源的，如果想看一下相关的代码，可以访问 github.com/Apress/introduction-to-java-through-gamedev。

与这个游戏项目相关的源代码可以在同一个存储库（repo）中找到。

每个游戏项目都有一个功能齐全、包含完整代码的版本。另外还有编码挑战。随着你在本书中的进展，会不时得到一些挑战，目标是将某些 Java 编程语言知识应用到手头的游戏项目。为此，我们为项目准备了专门的副本，预先为挑战进行了配置。

一般来说，除了下载上述配套资源，本书不要求互联网连接。另外，只需要少量计算资源来运行相关的软件和游戏。计算机满足以下最低要求即可：

- 双核 CPU
- 4 GB 内存
- 2 GB 硬盘存储

目前绝大多数计算机都能轻松满足上述要求。另外，使用任何一种编程语言时，都必须先想好要用什么工具来编码。很多时候，使用记事本和一些命令行工具即可完成程序的编写和生成。但是，我们的例子需要使用一些更高级的工具。具体地说，需要一个 IDE。

IDE 是"集成开发环境"（Integrated Development Environment）的简称，本身就是一套相当复杂的程序，它的目标是简化软件开发人员的一些任务，使他们能够承担更大的项目，并专注于手头的编码工作。游戏是复杂的程序，经常会有许多小组件。因此，使用 IDE 会使我们非常方便。本书选择的 IDE 是 NetBeans，本章稍后会讲述如何安装它。

本书的每个示例游戏都是为一个简单的 Java 2D 游戏引擎编写的。通过从本书的编码挑战所汲取的经验，将为使用该游戏引擎在 Java 中创建自己的一些 2D 游戏打下坚实的基础。

本书结构

本书采用了统一的结构。首先，每章都遵循以下常规结构：

- 本章简介
  - 主题 #1
  - 主题 #2
  - 编程挑战 - 描述
  - 编程挑战 - 解决方案
- 本章小结

其中，"主题"和"挑战"部分会根据需要重复，以覆盖本章要讲的所有主题，而且有时会在结构上略有区别。不过，一般来说，每章的结构都与前面概述的结构相似。除此之外，每章都会在相应的游戏项目中为这一章的每个挑战设置一个命名空间条目。

本书稍后会更进一步阐述这方面的内容。重点在于，每个挑战都有一个小的游戏沙盒副本供操练，还有一个已经完成的例子供参考。编程挑战本身的结构存在于当前章的大纲中。无论如何，在我们继续之前，先来稍微讨论一下。

- 编程挑战 - 描述
- 编程挑战 - 解决方案

前面列出的是本书所提出的编程挑战的常规结构。挑战会附有详细的描述和线索（如果有的话）。当然，相应小节的标题和内容是各不相同的。挑战本身的设计宗旨是帮助读者运用从当前编程语言主题中学到的知识。每个挑战都是不同的，但肯定是一个小的开发任务，涉及当前讲述的 Java 编程语言主题。

在描述了挑战之后，会解释解决该挑战的正确方法，我们会使用截图或其他资源来演示正确的解决方案。还会明确指出在哪里可以找到挑战在完成后的代码，所以不必担心搞不清楚问题是如何解决的。

本书各章和挑战部分的总体结构大致如此。本书的总体节奏是从 Java 编程语言的基本方面开始，然后向更高级的主题和语言特性发展。

本书约定

在正式开始本书的阅读之前，这里有必要强调一下本书采用的一些排版约定。首先，书中会有一些项目列表：

- 项目 1
- 项目 2
- 项目 3

大多数时候，这些列表会直接嵌入正文，而不会用任何特殊的标题或描述文字来装饰。少数情况下，如果列表有某种特殊意义，那么它也可能会有自己的标题和说明，这类似于代码和插图的排版方式。书中的代码片段会附带编号和标题，并采用等宽代码字体。如下所示：

清单 1-1　示例 - SomeClass.java

```
1 int test = 0
```

为了理解一个代码片段，可以参考它的标题和正文对它的说明。代码片段中的行号通常相对于代码清单的起始行。代码的起始行由当前上下文决定，即书中当前正在讲解的例子。另外，除非将代码拆分为多个清单，否则总是从第 1 行开始。插图的呈现方式类似，如下所示。

最后，书中会在某些地方列出提示或旁注。有两种类型的旁注：关于游戏开发的旁注和关于 Java 编程语言的旁注。它们采用如下所示的格式：

🔍 游戏开发说明

关于 Java 游戏开发或游戏引擎使用的说明。

☕ Java 编程说明

关于 Java 编程的说明。

我们通过这些旁注来介绍涉及游戏开发或 Java 编程语言本身的扩展或高级信息。

Dungeon Trap 主菜单

本书目标

本书希望达到几个目标。首先是对 Java 编程语言的基本特性进行完整的说明和演示。其次是介绍 Java 编程语言的一些高级功能。最后，本书旨在让你体验使用 NetBeans IDE 和一组配套的视频游戏项目直接上手游戏编码。后续小节更详细地说明了这些目标。

Java 基础主题

本书涉及以下 Java 编程语言基础主题：

- 概述：计算机编程
- Java 编程语言：语言发展简史
- 概述：游戏编程
- 基本数据类型：Java 的基本数据类型
- 高级数据类型：Java 中的高级和自定义数据类型
- 枚举：Java 中的枚举数据类型
- 使用变量

- 使用数值表达式
- 使用布尔表达式
- 用 if、else、else-If 语句进行流程控制
- 用 switch 语句进行流程控制
- Java 语言中的数组
- 使用基本 for 循环
- 使用 while 循环
- 类 / 库的导入：使用 Java 的类和库

掌握了 Java 编程语言的基础知识后，继续深入高级主题就显得游刃有余了。下一节展示了本书涉及的高级 Java 编程主题。

Java 高级主题

本书确实涉及一些更高级的 Java 编程主题，但并没有深入那些非常高级的。但即使是这些主题，对初学者来说都有些难。这很正常，因为它们本来就比较复杂。为了帮助你理解，本书除了用通俗易懂的文字来解释，还会提供一些挑战来帮助你巩固。本书涉及以下高级主题：

- 自定义数据类型：包括类和枚举
- 使用 try-catch 语句进行异常处理
- 使用列表数据结构
- 使用字典数据结构
- 泛型与特化数据结构
- 使用 for-each 循环
- 面向对象编程概述：简要介绍 OOP 的设计与实现
- 类：简要介绍类
- 使用类的字段
- 使用类的方法
- 使用类的构造函数
- 使用类的静态成员

- 访问类成员

- 类的设计和实现

- 封装：Java 游戏项目中的封装实例

- 多态性：在 Java 游戏项目中使用多态性的例子

- 继承

- 项目结构

- 调试：使用调试来跟踪程序错误和问题。

Java 编程的高级主题由于牵涉甚广，所以往往需要花费很多的笔墨。这超出了本书的范围，所以，本书对于高级主题的讨论会尽可能简要，以便涵盖尽可能多的主题和材料。

游戏开发主题

这是一本入门性质的书，所以不会全面涉及游戏开发的主题。但是，由于书中的每个挑战都集中在将当前所学的 Java 编程语言知识应用于一个实际的视频游戏，所以必然会从中获得一些感悟，并接触到以下游戏开发主题：

- 项目结构：体验操作三个不同的游戏及其类和项目结构

- 游戏资源：获得使用游戏资源的经验

- 游戏引擎：本书包含一个完整的游戏引擎，所有示例游戏都使用这个引擎

- 游戏主循环：体验游戏主循环的工作并理解其重要性

好了，我们已经快速概览了本书涉及的不同主题。有的主题是直接列出来的，有的则是通过处理更大、更复杂的项目的某个部分来间接学到的。下一节将设置开发环境并下载本书代码的最新副本。

致 谢

为了完成本书的创作和相关游戏项目的开发，有些人做了重要的贡献。

首先感谢 Gabriel Szabo，他是一个完美的 IT 专家，对本书进行了专业的技术审查。还要感谢 Katia Pouleva，她是一位出色的艺术家，创造了 Memory Match Pro 游戏所有的图形，还整理了本书的所有截图。

对于本书的游戏项目，我要感谢 Pipoya 创造了一些伟大的、价格友好的 2D 视频游戏图形。可以在以下网址访问 Pipoya 的免费 RPG 角色精灵。请务必支持并查看这位艺术家所提供的所有出色的作品：

https://pipoya.itch.io/pipoya-free-rpg-character-sprites-32x32

我想感谢的下一个内容创作者是 O_lobster。我使用了 O_lobster 的一个免费地形来构建 DungeonTrap 的地面。可以通过以下网址访问 O_lobster 的作品：

https://o-lobster.itch.io/simple-dungeon-crawler-16x16-pixel-pack?download

我要感谢 Robinhood76 和 Leszek_Szary，感谢他们在 freesound.org 上分享的音效。以下两个小的音效是我们的游戏唯一使用的声音：

https://freesound.org/people/Robinhood76/sounds/95557/

https://freesound.org/people/Leszek_Szary/sounds/146726/

还要感谢 Chasersgaming 和 Zintoki，他们都来自 itch.io，他们的作品被用在 MmgTestSpace API 的游戏引擎演示应用中。所有原始艺术作品及其原始下载网址都可以在游戏引擎项目目录下的 cfg/asset_src 子目录中找到。

关于 Memory Match 游戏，我想感谢以下云转换网站提供了一个可靠的服务，很好地帮助我在不同音频格式之间转换：

https://cloudconvert.com/

我还想感谢以下免费游戏资源的创建者：

食物图标

https://ghostpixxells.itch.io/pixelfood

Memory Match Logo *原始图*

https://static.vecteezy.com/system/resources/previews/000/694/128/original/geometric-seamless-pattern-with-colorful-squares-vector.jpg

游戏棋盘图 1

https://www.pexels.com/photo/brown-wood-surface-172289/

游戏棋盘图 2

https://www.pexels.com/photo/macro-shot-of-wooden-planks-326333/

如果没有他们的才华和辛苦的工作，本书的游戏项目不可能成功开发出来。另外，前面提及的各个链接涉及视频游戏图像和音频的一些可靠资源。请多加留意。

简明目录

详细目录

第1章

初始设置

1.1　设置环境

本节的目的是让开发环境启动并运行起来，以便对本书的游戏项目进行小规模测试，看看它们的运行情况。这将使你对这些项目有一个概念。首先需要安装和设置IDE。本书使用 NetBeans IDE 来管理和开发 Java 项目。

我们首先需要安装 Java 开发工具包（JDK）。为了下载 Oracle JDK 的特定版本，请访问 www.oracle.com/java/technologies/downloads 网站。可能需要创建一个 Oracle 帐户来下载某些版本的开发工具包。如果已经安装了 JDK，那么也很好；但是，最好安装并使用我在编码游戏时所用的 JDK 版本。

本书写作时，JDK 的最新版本是 Java SE 18。[①]本书的游戏项目是基于 Java SE 11 LTS[②]编写的。建议在使用这些项目时使用 Java SE 11 LTS。但是，也可以尝试使用自己喜欢的任何 Java 版本，如果遇到解决不了的问题，那么可以随时退回到 Java SE 11 LTS[③]。请访问以下网址来获得 Java 11 JDK：

www.oracle.com/java/technologies/downloads/#java11

先安装 JDK，再安装 NetBeans IDE。我使用的是 Windows 电脑，所以我下载了与我的硬件和操作系统对应的 JDK。双击刚刚下载的 JDK 11 安装程序。整个安装过程应该是非常直接的。如果在安装过程中遇到任何问题，请访问以下网址来解决：

https://docs.oracle.com/en/java/javase/11/install/installation-jdk-microsoft-windows-platforms.html

安装好 JDK 之后，请继续安装 NetBeans IDE 和本书的游戏项目。在浏览器中导航到 https://netbeans.apache.org 网站并下载最新的 LTS 版本。本书写作时，网站主页

①　译注：Java 编程语言有 4 种平台，其中 SE 代表"标准版"（Standard Edition）。
②　译注：LTS 是指"长期支持"（Long-Term Support）。
③　译注：如果安装了不同版本的 JDK，例如 JDK 17，在 NetBeans 中根据提示 Resolve 即可。

直接显示了 NetBeans IDE 的下载按钮。单击它，然后为你的计算机操作系统找到最新的 LTS 版本的 IDE。图 1-1 到图 1-4 展示了这一过程。

　　找到适合自己的操作系统的安装包。我使用一台 64 位 Windows 机器，所以选择 windows-x64 安装程序，如图 1-2 所示。

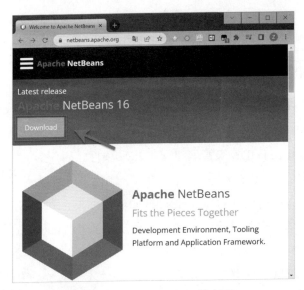

图 1-1　NetBeans IDE 下载步骤 1

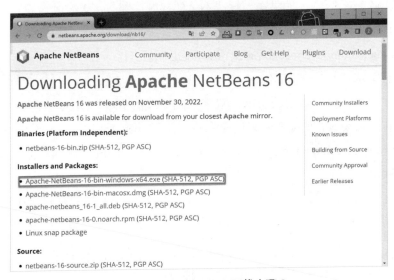

图 1-2　NetBeans IDE 下载步骤 2

　　请确保选择的是适合你的计算机硬件架构和操作系统的安装程序。单击随后出现的下载链接开始下载。然后，执行下载的 NetBeans IDE 安装程序，应该看到如图 1-3 所示的屏幕。

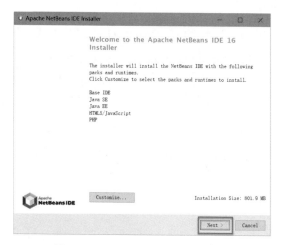

图 1-3　NetBeans IDE 安装步骤 3

　　这是 Apache NetBeans IDE 16 的主安装屏幕。我们将完全用 Java 工作，所以可以接受默认安装选项。如果愿意，也可以自行调整设置。但是，这里建议采用默认安装选项。请一路单击 Next 按钮继续。在最后单击 Install 按钮之前，确保已经勾选了 Check for Updates（检查更新）复选框，如图 1-4 所示。

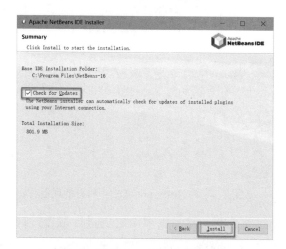

图 1-4　NetBeans IDE 安装步骤 4

安装完成后，请打开 NetBeans。如果有更新，请按提示操作。下一节将安装和配置本书的游戏项目。

下载并配置游戏项目

现在，你已正确安装了 JDK 和 NetBeans IDE。接着需要下载本书配套提供的游戏项目，下载地址是：http://github.com/apress/introduction-to-java-through-gamedev/。将下载的项目 ZIP 文件解压到自己选择的一个 NetBeans 项目目录中。这一步完成后，打开 NetBeans IDE，依次选择 File、Open 和 Project，或者按 Ctrl+Shift+O。

导航到解压了项目代码的目录。有三个项目需要打开和配置。每个游戏对应一个。找到并打开以下项目（可以按住 Ctrl 键多选）：

- Pong Clone
- Memory Match
- Dungeon Trap

应该看到如图 1-5 所示的结果。

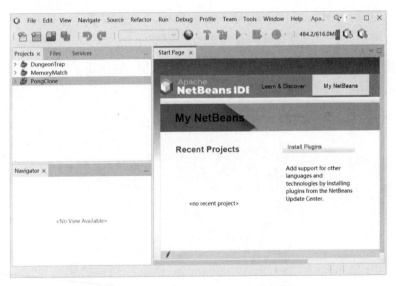

图 1-5　在 NetBeans IDE 中打开的项目

现在已经加载了这些项目，接着需要对它们进行配置。首先要检查每个项目是否有正确的 JDK 和 build 目录设置。为此，请右击每个项目并从弹出的快捷菜单中选

择 Properties（属性）。首先要检查 Packaging（打包）配置。在属性对话框左侧选择
Build 下方的 Packaging 项，如图1-6所示。

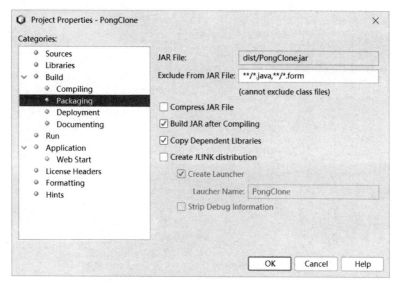

图 1-6　在 NetBeans IDE 中检查 Packaging 属性

对于这个属性，我们只想检查 JAR File 的路径中是否包含 "./dist/" 目录。接着，
从 Categories 列表中选择 Run。记住，我们要为每个游戏项目检查这个属性，如图 1-7
所示。

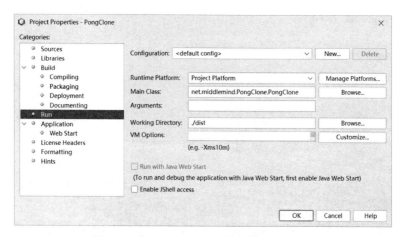

图 1-7　在 NetBeans IDE 中检查 Run 属性

对于这个属性，我们要确保 Working Directory（工作目录）被设为要在其中 build JAR 文件的目录，默认是 "./dist" 目录。最后，从 Categories 列表中选择 Sources（源代码），如图 1-8 所示。

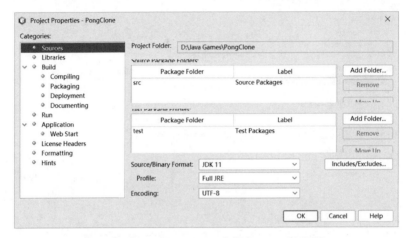

图 1-8　在 NetBeans IDE 中检查 Sources 属性

"Sources/Binary Format" 字段应设为 "JDK 11"。如果打算尝试在不同的 JDK 下运行游戏，那么可以在这里更改项目设置。同样，要为每个游戏项目检查这个项目设置。在我们可以开始玩游戏之前，需要做的最后一件事是确保项目库得到了正确映射。为此，请在项目属性对话框的 Categories 列表中选择 Libraries（库），如图 1-9 所示。

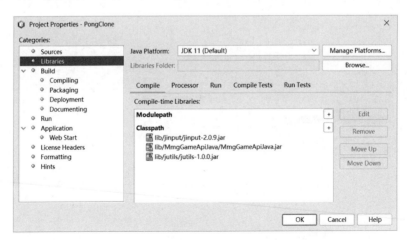

图 1-9　在 NetBeans IDE 中检查 Libraries 属性

每个游戏项目都应该配置同样的三个库，图 1-9 显示这三个库已正确配置。这些库包括：

- jinput：./lib/jinput/jinput-2.0.9.jar
- MmgGameApiJava：./lib/MmgGameApiJava.jar
- jutils：./lib/jutils/jutils-1.0.0.jar

要添加一个库，单击 Classpath 标签旁边的 + 按钮，找到上面列出的 JAR 文件即可。每个游戏都有自己的本地 lib 文件夹，其中有所需 JAR 文件的副本。一旦库被正确映射，我们就到了最有趣的部分了，即对各个游戏进行测试。关闭项目属性对话框，右击第一个游戏项目：Dungeon Trap。从上下文菜单中选择 Clean and Build。观察项目的 build 过程，确保整个过程没有出错。对剩下两个游戏项目进行同样的 Clean and Build。确保每个项目都能无错误地 build[④]。

1.2　体验游戏

现在让我们花点时间来运行每个游戏项目，并实际玩一玩。展开每个项目，并在项目树中展开 Source Packages（源代码包），会看到每个项目都有一个主要命名空间，具体包括：

- net.middlemind.DungeonTrap
- net.middlemind.PongClone
- net.middlemind.MemoryMatch

在每个项目的主命名空间中，包含了为游戏的最终版本提供动力的所有 Java 类。每个命名空间都有一个主文件，它是程序的静态入口点。这些 Java 类文件与项目名称是一样的，具体包括：

- DungeonTrap.java
- PongClone.java
- MemoryMatch.java

---

④　译注：build 是"生成"或者"构建"一个应用程序或者库并使之可用的过程。本书与大多数程序员的实际工作环境保持一致，采用原文。

你会注意到一些像 PongClone_Chapter1_Challenge1 这样的命名空间。它们是为本书的各个编码挑战准备的沙盒环境。目前可以暂时忽略它们。对于每个游戏项目，右键单击主文件并选择 Run File。随后应该出现与每个游戏对应的主菜单，如图1-10所示。

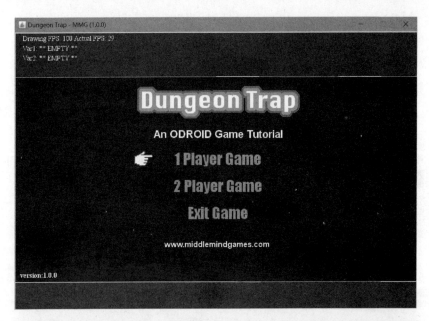

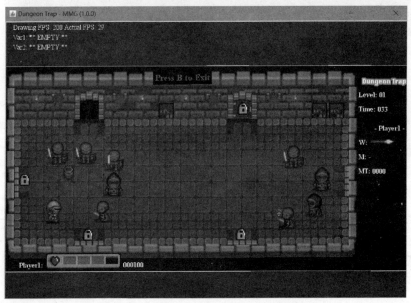

图 1-10　从 NetBeans IDE 中运行游戏

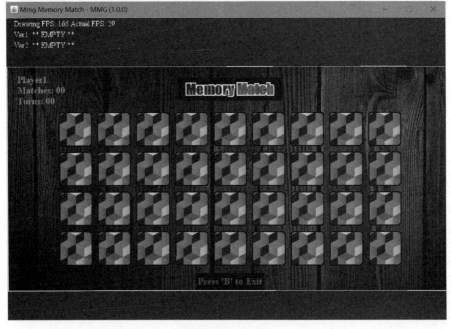

图 1-10 （续）

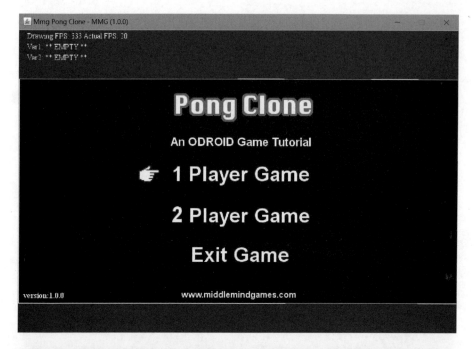

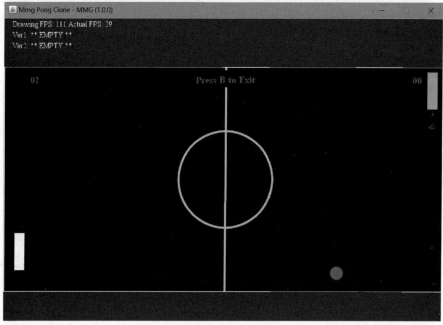

图 1-10 （续）

　　这一系列屏幕截图展示了本书每个示例游戏的主菜单和游玩画面。

　　游戏演示到此结束。我希望你喜欢这些小游戏，并对开始学习 Java 编程语言和尝试一些编码挑战感到兴奋！

1.3　小结

　　在结束这一章的时候，我想指出的是，我们刚才做的事情其实相当了不起。我们只用了几秒钟就从零加速到一百。安装了 JDK，安装了 IDE，然后下载、配置并运行了三个游戏项目。这个例子很好地演示了 Java 的强大。以后接受不同的编码挑战，从而应用你学到的 Java 编程语言知识时，肯定还会看到更多的例子。现在，让我们花点时间来回顾一下本章讲述的内容。

　　虽然本章只是简介性质的，但我们设法涵盖了相当多的内容，具体如下所示。

1. JDK：了解了开发本书游戏项目时所用的 JDK 11 LTS。下一章还会讲到，NetBeans IDE 可能使用了自己的 JRE（Java 运行时环境），与我用 JDK 11 开发时所用的 JRE 不同。

2. IDE（集成开发环境）：了解了 NetBeans IDE，而且下载并安装了它。

3. 配置游戏项目：深入了 Java 游戏开发的世界，在自己的开发环境中准备好了三个游戏项目供学习使用。

4. 游戏，游戏，游戏：我们 build 并体验了三个复杂程度不一的游戏项目，对本书要开发的游戏有了一个初体验。

　　下一章将开始我们的 Java 编程之旅，理解什么是计算机所遵循的"程序"。还会讲述 Java 编程语言的简历和其他一些有趣的话题。

第 2 章

什么是 Java 编程

如果决定开始学习如何用 Java 编程，并且已经读到这里，那么或许应该先讲讲 Java 编程到底是什么意思。本章将从一个较高的层次上解释计算机编程以及用 Java 编程意味着什么。我们还要说一下游戏编程，并讨论古老而重要的游戏主循环。

在了解 Java 编程语言的起源之前，让我们先花点时间了解一般意义上的计算机编程。在接着的几个小节中，我们将探讨人们如何使用不同工具对计算机进行编程，并逐步发展到现代的、基于 IDE 的方法。

2.1 计算机和编程

本节将讨论计算机编程的真正含义。在网上搜索"计算机编程"，可能会发现下面这样的定义：

"计算机编程是专业人员编写代码，指示计算机、应用程序或者软件程序如何执行的过程。用最简单的话说，计算机程序就是执行特定行动的一个指令集"。[1]

虽然这个说法大致没有问题，但我想指出一点，它使用了"专业人员"一词。事实上，一个人不需要成为"专业人员"就能为计算机编程。事实上，任何人只有手边有一台电脑，就能立即开始编程。让我们进一步探讨这个想法，并观摩一些不同的计算机编程方式。

2.1.1 计算机编程

计算机编程可以有几种不同的形式。我想把重点放在计算机编程的一个具体方面，并用它来说明 Java 的重要性。之前说过，计算机程序是执行特定行动的指令集。在这个看似简单的声明中，却巧妙地隐藏了"编程语言"的概念。

---

[1] https://tinyurl.com/3r3dzu24

为什么？因为定义中提到的"指令集"是一个双关语。它既可以指一种编程语言所提供的所有指令的"集合"，也可以是用这些指令编写的用于执行特定操作的一系列代码。换言之，我们用"指令集"（编程语言）来写"指令集"（程序代码）。例如，一种基本指令集是 CPU 的汇编指令集。最开始的时候，软件都是用这种古老的工具编写的。清单 2-1 展示了汇编程序的一个例子。

清单 2-1　汇编源代码示例

```
01 label_                      ;branch label
02 LSL       R0, R1, #0        ;5.1
03 LSL       R0, R1, #31
04 LSR       R0, R1, #0
05 LSR       R0, R1, #31
06 ASR       R0, R1, #0
```

上述代码只是一个更大的程序中的一小部分。用汇编语言编程确实有一些自己的好处（例如它能直接操作底层硬件，速度非常快），但缺点也很明显。其中一个缺点是使用这种语言来写程序过于耗时。汇编语言的源代码不是很直观，这导致了用它写程序非常困难。如你所见，这种语言的表现力不强。粗略地浏览一下清单 2-1，就会发现各行代码几乎没有什么上下文的联系。因此，使用汇编语言来编写复杂的、抽象的或者复杂的软件是非常繁琐的。我们称这种语言为"低级语言"，因为它不能从一个更高的层次进行抽象。

2.1.2　高级编程语言

为了克服汇编语言编程的缺点，人们创建了高级编程语言。这种语言支持用更符合自然语言的习惯进行编码，最后可由机器自动转换为汇编代码，进而转换成可由机器直接执行的二进制码。

这种方式的好处在于，用高级语言写的代码更容易阅读和理解。代码变得更有表现力，复杂的程序比单纯使用汇编语言更容易管理。清单 2-2 展示了用 C 这种高级语言写的一段代码。

清单 2-2　示例 C 程序

```
1 #include <stdio.h>
2 int main()
```

```
3 {
4    printf("你好，世界");
5    return 0;
6 }
```

高级编程语言更好地实现了代码重用、代码共享和项目管理。在计算机的发展史中，大约在 1983 年，C++ 编程语言成为计算机编程事实上的"指令集"。虽然该语言因为其优秀的面向对象编程能力为软件设计提供了强大的支持，但同时也造成了一个相当普遍和麻烦的问题。

导致许多 C++ 开发人员经常要花费大量时间对程序进行调试的一个核心问题是内存泄漏。清单 2-3 展示了一个非常简单的 C++ 程序，它存在内存泄漏 bug[②]。

清单 2-3　C++ 内存泄漏示例

```
1 int main() {
2    // 内存的安全使用
3    int * p = new int;
4    delete p;
5    // 内存的不安全的使用
6    int * q = new int;
7    // 由于遗漏了 delete，所以导致内存泄漏
8 }
```

这个简单的示例程序演示了 C++ 是多么容易出现内存泄漏问题，而内存泄漏会导致后续各种问题。这时，Java 就来救场了。Java 编程语言的主要特点之一在于，它有一个内置的垃圾收集器，会自动删除不再使用的对象，释放内存，防止任何昂贵的内存泄漏，并节省大量的调试时间。

以后会花更多的时间讨论 Java 技术和该语言的历史，但现在，我想转换一下方向，谈谈软件开发人员编写的一些不同类型的程序以及 Java 在其中的作用。

2.1.3　程序 / 编程类型

我们可以写许多不同类型的计算机程序。使用的语言有一些很低级，例如汇编语言；有一些则是较为高级的某种系统编程语言，例如 C、Rust 或 Go。还有一些是支持面向对象编程（OOP）的更高级的编程语言，例如 C++、Java 或 Python。

---

② 　https://stackoverflow.com/questions/7242493/how-to-create-a-memory-leak-in-c

另外，还有一些语言是为非常具体的程序设计的，例如用于 Web 编程的 JavaScript，或用于统计数学计算编程的 R 语言。不同编程语言都有自己的特色，这和其他任何工具都是一样的。有些语言是编译型的，有些则是解释型的。对使用编译型语言写的源代码进行编译，一般都会生成一个可执行文件，其中包含原始程序的二进制表示。

解释型语言则不一样。虽然也会进行编译，但不要求一次性将整个程序编译完毕才能执行。相反，是由一个"解释器"看到一句代码就编译一句代码，转换成机器码并执行。解释器是一种特殊的程序，它在这里担任了一个"中间人"的作用，边解释边执行

编程语言存在许多重要的方面，但这里只想讲一下其中最重要的。Java 的关键特点在于它是一种强类型的解释性编程语言，而且支持面向对象编程（OOP）。以后在讨论 Java 中的变量时，我们会详细解释 Java "强类型"的含义。现在，我们只需简单地了解这意味着什么。

Java 跟踪并关注程序中任何给定变量的数据类型，不允许在变量中存储跟声明的类型不符的数据。有的语言（例如 JavaScript）支持动态类型。这意味着在 JavaScript 中，可以在任何变量中存储任何类型的数据，而不需要重新声明。

和其他任何工具一样，不同编程语言有自己最合适的用途。Java 适合用来做许多不同的事情，从应用程序到 Web 服务器，甚至游戏。其实公平地讲，目前 Java 在许多时候并不是游戏开发的首选语言，尤其是那些所谓的 3A 游戏。这是由于该语言的解释性质占用了一些开销，而游戏开发人员并不喜欢这种"多余"的开销。不过，还是有许多游戏——特别是小游戏——并不计较这么点资源，而且它们可能还会受益于 Java 所提供的秩序和简单性。事实上，根据统计，人们目前已经在 Java 平台上开发了好几万款游戏。其中许多都是以前的经典小游戏改编的（因为它们不需要太多资源就能实现）。

无论如何，Java 依然是一种可靠的编程语言，它的解释性质和固有的垃圾回收支持使其成为学习编程——特别是游戏编程——的最佳选择。视频游戏的设计与其他大多数程序的设计不同。游戏编程要求构建一个实时响应用户输入的程序，同时还要处理所有游戏视频、音频、碰撞检测、怪物 AI 等，以保持游戏"实时"进行的假象。在做所有这些事情的同时，还要避免损失帧数，保持流畅的动画。

总之，游戏编程之所以和其他类型的软件开发不同，是因为游戏具有一些特殊的、有时甚至是极端的要求。综上所述，Java 是一种值得学习的语言，而且是一种很好的语言，可以通过开发视频游戏来学习和掌握！下一节，让我们漫步于记忆的长河，谈一谈 Java 编程语言的历史。

2.2　Java 编程语言

Java 语言诞生于 1991 年。当时，Sun 公司的 James Gosling、Mike Sheridan 和 Patrick Naughton 组成了一个工程师团队，试图创造一种全新的编程语言，它要独立于处理器，可以方便地在小型电子设备上运行。这是 Java 历史上的一个重要疏忽，但或许正是因为这个疏忽，才使 Java 成为 Android 项目的基本组成部分。

团队创造了一种语法类似于 C++ 的编程语言，可以在小型数字遥控器上运行，用于控制按钮和屏幕等电子元件。这个项目，即"Green Project"（绿色项目），旨在探索数字控制的家用电子设备与计算机之间的融合，最终失败了。但在 Java 语言永远消失于时间长河之前，却迎来了一个潜在的新应用，即万维网（World Wide Web）。

1993 年，HTTP 协议和第一批浏览器之一 Mosaic 出现在技术舞台上。在这个时候，Java 团队意识到互联网将非常适合 Java 编程语言的"硬件无关"属性。1995 年，James Gosling 推出了一个浏览器名为 WebRunner，它支持 HTML 内容和嵌入式 Java 小程序（Java applet）。

这使 Java 受到了人们的追捧，随着早期互联网的发展，Java 也在发展。早在 Flash 之前，你能在网上真正创造互动体验的唯一方法就是使用 Java 小程序。事实上，当我上大学时，使用 AWT 的 Java 小程序是 CS 课程中最先教的东西之一。

现在，小程序已经不再是大多数浏览器支持的功能了。但是，Java 已经进入了现代云技术的其他许多方面，包括服务器端的 Java EE/Jakarta 和客户端的 Android，后者基于 Java 编程语言的一个开源克隆。

Java 程序只需编写一次就能"到处运行"，这种能力似乎很神奇。那么，Java 程序是如何做到在不同设备和不同地方运行的呢？答案是 Java 运行时环境（JRE）和 Java 虚拟机（JVM）。

2.2.1 JRE

JRE（更确切地说，是 Java 虚拟机）负责实际执行 Java 字节码，后者是对 Java 源代码进行编译的结果。记住，Java 是一种解释型语言，这意味着 Java 程序不是直接编译成可由 CPU 直接执行的二进制形式。相反，是由一个虚拟 CPU（称为虚拟机）运行字节码并驱动底层硬件。

在 Amazon Web Services（AWS）网站上，可以找到一段对 JRE 的定义，如下所示：

> Java 运行时环境（Java Runtime Environment，JRE）是 Java 程序正确运行所需要的软件。Java 是一种计算机语言，为当今许多 Web 和移动应用提供动力。JRE 是 Java 程序和操作系统之间沟通的一种底层技术。它充当了翻译和促进人的角色，负责提供所有的资源。因此，一旦写好 Java 软件，它就能在安装了 JRE 的任何操作系统上运行，无需进行特殊的修改。
>
> ——摘自 Amazon Web Services 网站

我觉得这个定义非常简洁和准确。最后一句话更是道出了个中真谛："一旦写好 Java 软件，它就能在安装 JRE 的任何操作系统上运行，无需进行特殊的修改。"在我看来，这是个非常强大的功能，是 Java 编程语言的第二个主要卖点。

注意，Java 的构成不仅仅是一种编程语言和一系列库，它还包括、而且需要一个运行时（runtime）环境来执行 Java 字节码。这和以前使用 C 和 C++ 等语言的开发环境有很大的不同。在以前的开发环境中，必须非常小心地确保语言、其数据类型和核心库在不同计算机硬件上都有相同的表现。

在 JRE 的帮助下，我们可以在任何操作系统上运行 Java 程序，其中包括像 ARM 这样完全不同的硬件架构，唯一的前提就是安装了适用于该操作系统的 JRE。在下一节，我们将谈一谈 Java 编程语言的第二个最重要的部分，即 JDK。

2.2.2 JDK

用 Java 编程语言开发软件时，必须使用 Java 开发工具包（Java Development Kit，JDK）。JDK 是一套软件工具的集合，我们通过这些工具来完成 Java 应用程序的开发。JDK 除了包含进行 Java 编程所需的一些基础类库，最起码还包括一个编译器。常规流程是下载 JDK，然后用一个文本编辑器即可开始编写 Java 程序。在第 1 章中，我们已经安装好了 JDK、Java 11 SE LTS 和一个 IDE（这里用的是 NetBeans），所以我们事实上已经准备好开始写代码了！

现在，我们已经比较详细地介绍了 Java 软件开发的主要方面。接着，让我们从一个较高的层次来了解一下 Java 编程的语法和语义。通过完成本书的多个编码挑战，你会越来越熟练地编写出语法正确的 Java 代码。

2.3　语法和语义

什么是"语法正确"？在软件开发领域，所谓"语法"（syntax）是一种在特定编程语言中定义如何对符号进行组合的一系列规则。在这种语言中，这些组合被视为具有正确结构的语句或表达式。[③] 这类似于我们在日常生活中使用的人类语言。事实上，只要开口说话或者书写，我们都需要和语法打交道。我们通常用这个来比喻编程语言的语法。

语法正确，但语义是否正确？嗯……不一定。编程语言的语义是一个更为复杂的话题。下面让我们稍微多说一下。语法是指一种语言的文字如何排列组合，语义（semantics）则是指语法正确的语句表达了什么含义。

在人类语言中，这大致可以对应于你说 / 写的东西是否有意义。完全可能遵守了所有的语法规则，但仍然说 / 写不出任何连贯或有意义的话。计算机语言同样如此。但在这种情况下，语义的概念变得略微模糊，因为肯定有许多方法能正确表达出一个解。这类似于在人类语言中，可以用多种方式来表达同一个意思。

用 Java 编程语言进行开发时，语法首先必须学习和掌握的，而且只要存在一丁点语法错误，程序都无法通过编译。另外，很容易写出语法正确但语义错误的程序。这就是学习的意义之所在。随着时间的推移，你的软件开发技能会越来越熟练，能在一个结构正确的 Java 程序中定义想要解决的问题。把它看成是学习一种新的人类语言的过程：首先掌握语法，然后用这些语法来正确地表达语义。肯定需要一定的时间，才能用这种语言流利地表达自己。而且最关键的是，让别人能够听懂（顺利地解决问题）。

在下一节中，让我们来看看 Java 编程语言的核心语法规则。

---

③　https://en.wikipedia.org/wiki/Syntax_(programming_languages)

2.3.1 基本语法规则

在本节中，我们将简要说明 Java 编程语言的基本语法规则，将重点放到语言的基础知识上。编写 Java 代码时，需要牢记以下几点[④]。

- **大小写敏感**：Java 区分大小写，这意味着标识符 Hello 和 hello 在 Java 程序中具有不同的含义。
- **类名**：所有类名的首字母应该大写。如果类名包含几个单词，那么每个单词的首字母应该大写，这称为大驼峰式大小写（CamelCase），例如 SomeClassName。
- **方法名**：所有方法名都应该以小写字母开头。如果方法名包含几个单词，那么除了第一个单词之外，后续每个单词的首字母应该大写，即小驼峰式大小写（camelCase），例如 someMethodName。
- **程序文件名**：程序文件的名称应该与类名完全一致。事实上，如果没有一个与当前 Java 文件名相匹配的 public 类，Java 编译器会报错。
- **类**[⑤]：每个类都应该放在一个单独的文件中，扩展名为 .java。类文件通常用文件夹来分组。这些文件夹称为包（package）。
- **程序**：Java 程序的入口点始终是 main 方法，即 public static void main(string[] args)。static main 方法在任何 Java 程序中都必须要有，但 Java 库不一定要有。
- **(代码)块和语句**：在 Java 语法中，是用分隔符 { 和 } 来界定一个代码块，或者说一个新的代码区域。每个语句必须以分号结尾。
- **关键字/保留字**：这些由语言保留，开发人员不得用它们来命名自己的类、方法和变量等。详情参见下一节。

语法需要一定的时间来掌握。在按下编译按钮之前，IDE 会尽可能地帮你检测任何语法错误。在继续更深入的学习之前，下一节要谈一谈 Java 编程语言的保留字。

2.3.2 关键字/保留字

和其他任何编程语言一样，Java 也有一套仅限于自己使用的关键字，因此，你不能在自己的程序中使用这些字来创建符号、类、方法、变量等。清单 2-5 展示了 Java

---

④ https://www.tutorialspoint.com/java/java_basic_syntax.htm
⑤ https://codegym.cc/groups/posts/java-syntax

编程语言的关键字。另外还有两个保留字（加星号的两个），它们虽然目前没有被
Java 使用，但也像关键字那样限制使用。

清单 2-4　Java 编程语言的关键字 / 保留字

abstract	continue	for	new	switch
assert	default	goto*	package	synchronized
bBoolean	do	if	private	this
break	double	implements	protected	throw
byte	else	import	public	throws
case	enum	instanceof	return	transient
catch	extends	int	short	try
char	final	interface	static	void
class	finally	long	strictfp	volatile
const*	float	native	super	while

现在不需要去记忆这些单词。随着以后在这门语言上的经验越来越多，会自然而
然地掌握它们。这里的要点在于，存在一些不能在自己的程序中照搬的保留字。换言之，
不能用它们定义符号、类、方法、变量的名称。

在结束本章之前，我想重点讲一下游戏编程。本书通过三个能真正游玩的游戏来
学习 Java 编程，所以应该多少了解一下常规意义的游戏编程以及我们要进行的游戏
项目。

2.4　游戏编程

如果不花一点时间谈一谈游戏编程，那就是我的失职。毕竟，在探索 Java 编程语
言的过程中，本书将在所有挑战中用到三个不同的游戏。如前所述，视频游戏是一种
相当独特和具有挑战性的程序类型。它们通常需要实时响应、智能计算机对手、复杂
的输入、视频、音乐、音效和多人 / 网络支持。这要求视频游戏开发者掌握必要的 API（应
用编程接口）以简化开发过程。

不用担心，游戏引擎可以帮助你分担大部分繁琐的工作。本书的游戏实际上包含了一个紧凑的 2D 游戏引擎。每个游戏都是一个独立的项目，包含一个完整引擎的源代码，都在一个小小的 Java 程序中运行。你将通过各种各样的挑战获得游戏编程的经验，并在这个过程中逐渐理解 Java 编程语言的各种特性。

虽然不会在这本入门性的读物中从头开始构建一个游戏，但仍然会为你以后的游戏编程打下坚实的基础。此外，将获得使用游戏引擎所提供的 API 的经验，可以利用这些知识来开发自己的游戏。

游戏编程的一个重要概念是游戏主循环（main game loop）。游戏主循环是游戏和游戏引擎的共同属性；它是一种特殊的结构，几乎出现在每一个游戏中。它是游戏编程的基础，因此，我们将在下一节更详细地讨论游戏主循环。另外，本书以后还会更多、更详细地探讨这一主题。

2.4.1　游戏主循环

游戏主循环是几乎每个视频游戏都有的一种通用结构。在游戏主循环中运行的是使视频游戏具有交互性和动态性的代码，但根据主要职责对这些代码进行了拆分。循环本身是一个受控的无限循环，使游戏保持实时运行；游戏中所有对象都在其中更新，进而在屏幕上绘制[⑥]。

游戏循环的基本职责可以分解为以下几个步骤：初始化、更新和绘制。初始化步骤可以在游戏生命周期的不同时间发生，但必须发生。更新步骤是所有游戏逻辑运行的地方。这里的代码负责处理诸如碰撞检测、命中、声音效果、怪物 AI 等事情。最后，在游戏状态更新之后，需要在屏幕上绘制新的游戏状态。这就是绘制步骤的作用。还要记住，取决于你开发的具体游戏，可能还要在更新步骤中添加网络通信功能。如果开发的是联网的多人游戏，那么游戏主循环需要包含一个网络同步操作。

这就是游戏主循环的结构，也是在进行游戏编程时应该牢记的。在下一节中，我们将谈一谈本书游戏项目的常规结构。以后在查看各个项目的类时，这个结构可以为我们提供一些线索。

---

⑥　https://gamedevelopment.tutsplus.com/articles/gamedev-glossary-what-is-thegame-loop--gamedev-2469

2.4.2　程序结构

本书包含的三个游戏（Dungeon Trap、Memory Match 和 Pong Clone）都使用同一个游戏引擎，即 MmgGameApi 2D 游戏引擎的 Java 版本。整个引擎都保存在本书配套提供的 MmgGameApiJava.jar 文件中。三个游戏项目的复杂性从低到高排列如下：

- Pong Clone：简单
- Memory Match：中等
- Dungeon Trap：专家

每个项目都包含以下 Java 类的自定义版本，另外还有一些专门的支持类：

- 静态主类（Static Main Class）：具有与游戏本身相同的名称。每个包，包括每个挑战包，都有一个静态主类用于执行对应版本的游戏
- MainFrame.java：GamePanel 类的父类，代表容纳了游戏面板的主窗口框架
- GamePanel.java：负责绘图、处理输入、切换屏幕等的主类
- ScreenGame.java：运行游戏的屏幕类
- ScreenMainMenu.java：运行游戏菜单屏幕的屏幕类

这些游戏 Java 类有点复杂，所以先不要试图自己编辑它们。到本书结束时，你应该能够很好地使用它们，但在那之前还有一些东西要学。下一节将更详细地介绍本书的游戏。

2.4.3　本书游戏概述

第 1 章只是简单展示了实际的游戏画面，下面让我们进一步介绍各个游戏。

1. Pong Clon（克隆乒乓）：一个简单的双人克隆版本。玩家使用不同的控制手段上下移动挡板，以保持球的运动。在单人游戏模式下，机器方使用 AI 逻辑。这是三个游戏中最简单的一个，只包括 5 个 Java 类。

2. Memory Match（记忆配对）：一个简单的单人纸牌记忆游戏，也支持双人模式。该游戏通过使用更多的记忆卡片来支持三种难度提升模式。这是本书第二复杂的游戏。

3. Dungeon Trap（地牢陷阱）：一个独特的小游戏，玩家被困在一个充斥着一波波怪物的地牢房间里，为保住小命而战斗。期间要收集不同的道具以应对怪物。甚至可以把家具推到房间对面，让怪物飞起来。这是三个游戏中最复杂的一个，包括大量 Java 类。尽管很复杂，但它遵循和其他游戏一样的基本结构。

　　在本章的最后，我希望上述游戏简介能激起你的好奇心（其实真正的游戏更好玩）。在正式开始学习 Java 编程语言知识之前，让我们先对本章的主题进行一下小结。

2.5　小结

　　本章探讨了什么是计算机编程；更具体地说，什么是 Java 编程。我们讨论了语言的一些较高层次的东西，并重点讨论了作为本书重点的游戏编程的一些关键问题。涉及的主题比较多。尽管它们都是从一个较高的层次来说的（目前还不具体），但已经为我们开始探索 Java 语言奠定了坚实的基础。本章主要内容总结如下：

1. 计算机编程：简单讨论了用特殊指令来解决特定问题的计算机编程
2. 编程语言：介绍了 C 和 C++ 等较高级的编程语言，指出在这些语言中管理内存所遇到的一些困难
3. 程序 / 编程类型：简单讨论了可以用 Java 创建的不同类型的程序
4. Java 编程语言：简单回顾了 Java 编程语言的历史
5. JRE：Java 运行时环境（JRE）是 Java 可以编写一次，多处运行的关键，并谈到了我们在第 1 章安装的版本
6. JDK：为了进行 Java 软件开发，Java 开发工具包（JDK）是必须的
7. 基本语法规则：列出了 Java 编程语言的一些基本语法规则
8. 关键字 / 保留字：列出了 Java 编程语言的关键字和保留字
9. 游戏主循环：讨论了作为游戏编程核心的主循环及其作用
10. 程序结构：介绍了本书三个视频游戏通用的核心结构
11. 本书游戏概述：描述了本书的三个游戏，并根据复杂性对其进行了排名

现在，我们已经准备好开始学习 Java 编程语言了。首先讨论 Java 语言的变量。

第 3 章

变量

我们的 Java 编程语言之旅从对变量的探索开始！变量对任何程序都非常重要。事实上，任何有用的程序都离不开变量——各式各样的变量。变量用于代表数据，经常被用来在整个程序或方法中跟踪一个值。有的时候，变量被用作指示器，或者说一个标志（flag），以标明何时遇到了某些重要的数据或事件。变量在 Java 程序中有多种不同的用途。用 Java 解决各种问题时，肯定都要用到它们。

本章将探讨变量的几个不同的方面，包括变量的声明和赋值。我们将讨论具有 Object 数据类型的变量。但是，本章不会在类上面花费太多笔墨。类的详情将在本书后面专门讨论。所以，本章在涉及类或对象的话题时，请暂时把它们当作是理所当然的，不用深究。下面，让我们看看变量在 Java 编程语言中是如何工作的。

3.1　数据类型

什么是数据类型？之前在讨论编程语言和 Java 时，我们明确指出，Java 是一种强类型的语言。这意味着 Java 会"留意"每个变量的类型，在变量声明后不允许任意更改其类型，也不允许为该变量分配一个不兼容类型的值。

换言之，一个特定的变量只能容纳一种类型的数据。但要注意的是，这只是针对"静态类型的变量"而言。现在的 Java 还支持动态类型的变量，它们能接受不同类型的数据，这类似于 JavaScript 或 Python 中的变量工作方式。一旦理解了静态类型的变量是如何工作的，就可以使用 var 关键字轻松地开始使用动态类型的变量。这个语言特性将在以后接触到更高级的内容时详述。

但是，到底什么是数据类型呢？嗯，这个问题的答案比较复杂。数据类型定义了数据的特征。在我们的例子中，数据可以是单一的值，例如一个银行卡号；也可以是一个复杂的对象，其中使用不同的数据类型保存了多种信息。除此之外，还可以使用数组数据类型定义一系列值。无论如何，首先来看一下 Java 编程语言的基本数据类型。

3.1.1　基本数据类型

任何 Java 程序的基本构建单元就是变量。如前所述，Java 的变量是"强类型"的。因此，有一组数据类型被认为是 Java 编程语言的基本数据类型。

这些数据类型的意义在于，它们是语言最基本的单元，不可以像类（class）类型那样可以做进一步的拆分。它们主要用于表示简单数据，例如数值和字符串。在思考变量时，一个很好的类比是把它们想象成在 Web 表单中的输入。事实上，我们都在网上填写过无数的表单。

在网页上的一个文本字段中输入自己的名字时，可以认为这是代表名字的值赋给一个用于存储该名字的变量。由于名字是一系列字符（在 Java 中称为字符串），所以需要使用一个字符串（String）类型的变量来存储这种数据。清单 3-1 展示了这种变量在 Java 中的表达方式。

清单 3-1　字符串变量的例子

```
1 String name;
```

上述代码声明一个名为 name 的字符串变量，可用它来存储一个人的名字。有了这个概念之后，再来看看在 Java 编程语言中可以使用的各种基本数据类型。

表 3-1 总结了和每种数据类型有关的一些信息以及相应的变量声明例子。

表 3-1　Java 编程语言的基本数据类型

名称	类型	最小值	最大值（含）	示例
boolean	二进制值，即 true 或 false	n/a (0 或 false)	n/a (1 或 true)	boolean b;
byte	8 位整数值	-128	127	byte b;
short	16 位整数值	-32768	32767	short s;
int	32 位整数值	-2E31	2E31-1	int i;
long	64 位整数值	-2E63	2E63-1	long l;
float	具有 IEEE 754 32 位精度的实数	1.4E-45	3.4028235E38	float f;
double	具有 IEEE 754 64 位精度的实数	4.9E-324	1.7976931348623157E308	double d;

（续表）

名称	类型	最小值	最大值（含）	示例
char	单个 Unicode 字符	'\u0000'（0）	'\uffff'（65535）	char c;
String	字符串，由一系列 Unicode 字符构成	0（空字符串）	给定系统上由 JRE 支持的最大字符串长度，或者 2147483647 个字符	String s;

不要被这张表中的数据吓住了。其实真的没有太多的东西。把这些看作是你在程序中描述数据的基本工具。其中一些会比另外一些更常用。在能够快速而自信地决定一个变量应该是什么数据类型之前，需要积累一些用 Java 解决问题的经验。但有的时候，即使有了一定的经验也很难做出决定。一般来说，建议使用一种"刚刚好"的数据类型。换言之，它刚好能存储你希望存储的数据，而不要故意选择一个取值范围更大的，因为那纯属浪费。

例如，如果要存储银行账户的余额，那么可以考虑使用 float 类型，因为很少有人的财富能达到需要 double 类型来存储的程度（最大值约为 10 的 308 次方）。让我们通过一个常规思考过程来决定使用什么数据类型。需要精确到小数点后多少位吗？如果不需要，那么可以忽略 float 和 double。需要存储字符或字符串？如果不需要，那么可以忽略 char 和 string 数据类型。这样就只剩下了 byte，short，int 和 long 可供选择，它们都是"整型"。

long 可能太大，我们很少需要处理那么大的整数。byte 又太小。只有在需要处理二进制数据时才需要使用 byte 类型。大多数时候，short 和 int 就足够了。但是，short 的最大值有点小（3 万多），有点限制性。它没有那么大，所以在表示整数的时候，很容易就会觉得不够用。这会使我们处于一个尴尬的境地，因为变量将不能正确地完成其工作。它将无法跟踪 short 范围之外的数字。

在这个小小的思想实验中，我们最终很可能会选择使用一个 int。如果有理由选择另一种基本数据类型，那么可以经由同样的思考过程来得出你自己的结论。

如果想跟踪是否发生了某事，那么 boolean（布尔）数据类型就派上用场了。在包括视频游戏在内的许多程序中，很多时候都需要将某个布尔变量设为 true 或 false 来表示某种情况、值、状态等是否存在。这种变量是专门为了表示真和假的情况而设计的。如果发现自己的程序用了一个整型，而且只赋值 0 和 1 来分别表示假和真，那么请考虑将这个变量换成 boolean 类型。

到此为止，我们就完成了对基本数据类型的介绍。稍后，在进行本章的编程挑战时，我们将获得一些使用它们的经验。下面先来看看如何使用基本数据类型的变量。

3.1.2　使用基本数据类型

如前所述，基本数据类型是任何 Java 程序的基础。上一节已经看到了如何使用基本数据类型来声明变量。下面将通过清单 3-2 来总结一下如何声明基本数据类型的变量。

清单 3-2　声明基本数据类型的变量

```
1 boolean b;
2 byte b;
3 short s;
4 int i;
5 long l;
6 float f;
7 double d;
8 char c;
9 String s;
```

注意，在声明变量时，是先写类型名称，后跟变量名。

☕ **Java 编程说明**

如果一个变量的意义重大，那么花点时间为它起一个有意义的名称。临时变量则使用短名称，如上例所示。

声明基本数据类型的变量时，采用的模式是在数据类型关键字后面加上一个有效的变量名。接着让我们介绍一下如何对声明的变量进行初始化。注意，数据必须与数据类型匹配。虽然可以在相似数据类型之间做一些转换，但这里不打算涉及这个高级主题。现在来看看清单 3-3。

清单 3-3　声明并初始化基本数据类型的变量

```
01 boolean b;
02 b = true;
```

```
03
04 byte b;
05 b = 0;
06
07 short s;
08 s = 256;
09
10 int i;
11 i = -1;
12
13 long l;
14 l = 32000000;
15
16 float f;
17 f = 1.3f;
18
19 double d;
20 d = 2e15;
21
22 char c;
23 c = 'c';
24
25 String s;
26 s = " 这是一个字符串 ";
```

☕ Java 编程说明

初始化变量时，最好遵循和现有程序代码一样的方式。如果程序是新写的，那么请提前统一变量的声明和初始化方式。

还有一种更简短的变量声明和初始化方式，即在声明变量的同时初始化，或者称为实例化。通常，我们只能在初始化类的对象才说对类进行"实例化"。但是，基本数据类型采用的是相似的语法。所以，这种方式可以宽泛地称为实例化。清单 3-4 展示了如何在声明变量的同时对其进行实例化（初始化）。

清单 3-4　实例化基本数据类型的变量

```
1 boolean b = true;
2 byte b = 0;
```

```
3 short s = 256;
4 int i = -1;
5 long l = 32000000;
6 float f = 1.3f;
7 double d = 2e15;
8 char c = 'c';
9 String s = " 这是一个字符串 ";
```

如你所见，Java 基本数据类型的变量的使用是非常直接的。但是，不要被这种简单性所迷惑，它们其实非常强大。仅仅使用这种类型的变量，就能做许多事情。当然，还有更多的数据类型是我们必须要掌握的。Java 是一种健壮的语言，具有一套完整的功能。不过继续深入之前，让我们先来完成一个编程挑战，以巩固在变量和基本数据类型方面学到的知识。

3.1.3　游戏编程挑战 1：基本数据类型

欢迎来到本书的第一个编程挑战。每个编程挑战都会涉及一些介绍或设置，并涉及本书游戏的一个特殊的副本，它针对给定的 Java 编程主题专门配置了一个代码挑战。该游戏副本存在于一个特殊的包中，并标明了对应的章和挑战的编号。

在展示了包含编程挑战的包后，会接着展示一个包含解决方案的包。虽然也会在正文中介绍解决方案，但最好还是先看一下代码，获得阅读和理解 Java 语句的经验。

本书的第一个挑战涉及以下包：

```
net.middlemind.PongClone_Chapter3_Challenge1
net.middlemind.PongClone_Chapter3_Challenge1_Solved
```

说明

找到 net.middlemind.PongClone_Chapter3_Challenge1 这个包，并打开 PongClone.java 文件。这个版本的游戏在测试后意外地引入了一个 bug。一次不经意的击键改变了一个变量值，从而破坏了整个游戏。你的挑战是找到值不正确的变量并修复它。为了测试游戏，必须运行 PongClone.java，方法是右击它并从弹出的上下文菜单中选择 Run File。

如图 3-1 所示，本次挑战所用的游戏副本在显示加载屏幕时崩溃了。

线索

Pong Clone 使用一个"游戏引擎配置文件"对游戏的某些方面进行配置。游戏在加载时抛出的空指针异常是由于游戏引擎配置错误引起的。

花些时间来试试这个挑战吧。注意，在本例中，追踪异常对你没有帮助，因为没有被加载的资源并不是问题的源头。这似乎很棘手，但或许也很简单。在跳到解决方案之前，先自己试一试。记住，挑战是在自己的沙盒中进行的，这是一个专门为编程挑战而准备的包。

为了运行这个特定版本的游戏，必须右击包中的静态主类（即 PongClone.java），然后从上下文菜单中选择"Run File"。否则，如果直接单击工具栏中的运行按钮，会执行项目的默认游戏。

如果正确解决了挑战，那么游戏应该能正常运行。

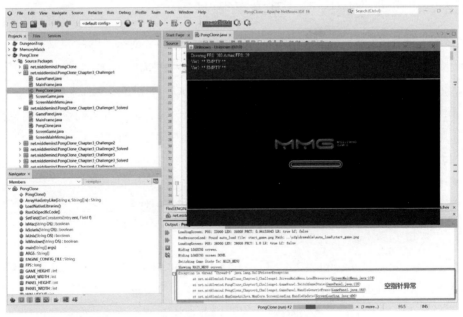

图 3-1　本次挑战的游戏损坏版本

3.1.4　解决方案

挑战的解决方案可以在以下包中找到：

```
net.middlemind.PongClone_Chapter3_Challenge1_Solved
```

具体是在 PongClone.java 文件中。可以查找"CHAPTER 3 CHALLENGE 1 SOLUTION"来定位解决方案和相应的解释。下面也会简单说明一下这个解决方案。

在本例中，需要调整的变量的确切名称在挑战的说明中其实就已经给出了："引擎配置文件"，即 ENGINE_CONFIG_FILE。"文件"一词也为我们提供了一个线索，因为在变量声明部分没有多少文件名。

为了纠正原始文件存在的 bug，你需要做的是调整 ENGINE_CONFIG_FILE 变量的值，使其与文件系统中实际存在的文件名匹配。在本例中，正确的文件名应该是 "engine_config_mmg_pong_clone.xml"，而不是 "engine_config_mmg_png_clone.xml"，后者少了一个 "o"。作为一个挑战，这个例子似乎有点蠢，但它实际上有一些有意思的地方。

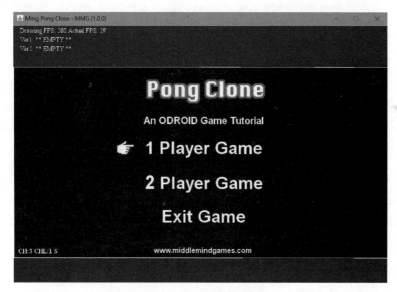

图 3-2　完成了挑战的版本

🔍 游戏开发说明

游戏和游戏引擎经常有复杂的子系统负责加载不同的资源。花点时间了解这些系统往往很重要，这样就可以在开发过程中正确地定位 bug。

首先，在"输出"窗口显示的 bug（即空指针异常）与我们的解决方案并没有直接联系。需要对游戏引擎有一定的了解，才能理解这个 bug 的真正含义。从 JRE 的角度来看，由于存在一个空值，所以应该抛出一个异常。但从视频游戏的角度来看，之所以有一个空值，是因为有一个资源没有加载。而资源之所以没有加载，要么是因为没有正确地指定它，要么是因为它根本不存在。除却不存在的情况，我们剩下的就是一个由配置驱动的资源加载问题。

这就直接指向了游戏引擎的配置文件，我们要在那里检查一下给定的游戏存在哪些配置。这样很快就会发现问题。

下一节将讨论 Java 的一些更高级的数据类型及其用途。

3.2　高级数据类型

可以使用基本数据类型做很多事情，但作为一个开发人员，还能从 Java 中获得更多。有几个高级数据类型值得一提。其中包括动态数据类型，它与我们习惯的静态类型相反。甚至有一些数据类型可以帮助我们定义数据的集合，详情也会在本节讨论。

3.2.1　var 关键字和动态类型

虽然我一直在强调 Java 是严格的强类型语言，但该语言实际上支持动态类型。这两者并不冲突，但对这方面更深入的研究已超出了本书的范围。Java 10 引入的 var 关键字使用了数据类型推断，能根据当前上下文自动检测变量的数据类型。这是 Java 的一个相当高级的用法，这里只是进行一下简单的介绍。在 Java 编程语言中，有许多关于 var 关键字的使用规则。

为简单起见，这里将对其用法进行概括和过度简化。如果想进一步探索，可以从以下网址开始：

www.geeksforgeeks.org/var-keyword-in-java/

如前所述，var 关键字为一个变量赋予了动态类型的能力。可以在许多地方声明 var 类型的变量，但考虑到本书的目的，我们限制它只在方法内部使用。还要注意的是，由于 Java 是强类型语言，所以变量数据类型的重新定义是不被支持的。这意味着 Java 只在 var 变量首次初始化时检测其数据类型。随后的赋值必须遵循第一次检测到的数据类型。清单 3-5 的例子演示了这一概念。

清单 3-5　变量实例化和 var 数据类型

```
01 public static void main(String[] args) {
```

```
02    //int
03    var x = 100;
04
05    //double
06    var y = 1.90;
07
08    //char
09    var z = 'a';
10
11    //String
12    var p = "tanu";
13
14    //boolean
15    var q = false;
16 }
```

清单3-6则演示了var数据类型的不正确用法，它重新定义了var变量的数据类型，这导致一个异常的抛出。

清单 3-6　重定义已确定的 var 数据类型

```
1 // 编译器确定该变量是一个 int 变量
2 var id = 0;
3
4 // 试图传递和已确定的数据类型不符的数据而导致错误
5 id = "34";
```

从这个例子可以看出，var关键字在某种程度上只是一个占位符，用来表示一个未知的基本数据类型。首次初始化该变量的时候，会推断出它的确切类型。而且该类型一经确定就不能更改。听起来很复杂，但可以这样想，这其实和使用其他基本数据类型没有区别，只是采用了一种迂回的方式。换言之，是让数据来驱动变量的数据类型，而不是在声明变量时显式地指定。这个点子是相当不错的！

好了，虽然花费了不少笔墨介绍var数据类型和它的用法，但我很遗憾地告诉你，这里不打算用它来做一个编程挑战。我个人并不经常使用这个功能，我更喜欢传统数据类型提供的对变量的严格处理。下一节将讨论另一种高级数据类型，也是我们的第一种"数据结构"：数组。

3.2.2　数组

到目前为止，我们一直在使用变量跟踪记录值，而且主要使用的是基本数据类型。在解决问题的过程中，我们经常会遇到数据集合的概念。例如，任何测验都会产生一系列分数。在这种情况下，如果为每个值都命名和定义一个新的变量，就会显得非常繁琐。

下例进一步了说明了这个概念。假定要在课堂上记录学生的测验结果。在这种情况下，我们有两组数据需要跟踪：学生和每个学生的测验结果。

利用之前获得的 Java 编程语言的知识，可以为每个学生创建一个新变量，为每个学生的测验结果再创建一个新变量。

虽然这样做也不是不行，但程序很快臃肿到无法使用和 / 或管理的程度。程序有这么多的变量需要跟踪，很快就会尾大不掉。但是，不必担心，数组能简化这种形式的数据表示。我们用数组来容纳已知大小的一系列类似数据的集合。

数组是一种包含其他变量的特殊类型的变量。可以认为它是一个包含了固定数量的同类型值的对象。数组长度在数组创建时就已确定，并保持固定。可以通过重新初始化数组来手动调整其大小。但是，数组大小不能自动调整。要获得自动调整大小的能力，可以考虑使用其他数据类型。我们很快就会讲到其中的一些。

现在来看看如何声明数组。清单 3-7 演示了如何声明一系列数组变量，每个包含的都是之前介绍的基本数据类型的值（但有一个例外，即 Object 类型）。

清单 3-7　声明基本数据类型和 Object 类型的数组变量

```
01 boolean[] arrayOfBooleans;
02 byte[] arrayOfBytes;
03 short[] arrayOfShorts;
04 int[] arrayOfInts;
05 long[] arrayOfLongs;
06 float[] arrayOfFloats;
07 double[] arrayOfDoubles;
08 char[] arrayOfChars;
09 String[] arrayOfStrings;
10 Object[] arrayOfObjects;
```

如你所见，它与之前看到的变量声明并没有什么不同。注意方括号 [] 的使用；它表示该变量是指定类型的一个数组。方括号也被用于引用一个数组中的特定元素（所以方括号也称为数组元素访问操作符）。在 Java 和其他许多编程语言中，看到方括号就应该想起数组。两者基本就是同义词。

你可能已经注意到，列表中最后一项声明的并不是基本数据类型的数组。这里我们第一次接触到了对象。Java 是一种面向对象的编程语言，它支持通过为相似对象创建一个类，从而定义一组具有共同特征的对象。这个主题目前还早了一点，目前请将 Object 数据类型看成是能在 Java 中创建的所有对象的父类。

在下一节，我们将看看如何初始化和使用数组。

3.2.3　使用数组

数组的使用比基本数据类型要复杂一些，但在用法上还是很相似的，事实上，在 Java 中使用任何变量的方式都差不多。上一节介绍了如何声明数组变量。这与基本数据类型的变量的声明相似。不同的是，数组包含的是值的集合。

基本数据类型的变量存储的是单个值。相反，数组设计用于保存多个值。但是，正如你所预期的，这需要做一些初始化。例如，你可能会问，一个数组到底能容纳多少个值？好问题！这是你的选择，最多到整数数据类型的最大值或者内存耗尽，谁先达到就算谁的。

在任何情况下，我们创建的数组都应该有一个与数组旨在容纳的数据相符的大小。例如，如果要创建一个表示周几的数组，那么可以使用一个长度为 7 的数组。下面，让我们看一下如何声明和实例化基本数据类型和 Object 数据类型的数组，如清单 3-8 所示。

清单 3-8　声明和实例化基本数据类型和 Object 类型的数组变量

```
01 boolean[] arrayOfBooleans;
02 arrayOfBooleans = new boolean[10];
03
04 byte[] arrayOfBytes;
05 arrayOfBytes = new byte[10];
06
07 short[] arrayOfShorts;
```

```
08 arrayOfShorts = new short[10];
09
10 int[] arrayOfInts;
11 arrayOfInts = new int[10];
12
13 long[] arrayOfLongs;
14 arrayOfLongs = new long[10];
15
16 float[] arrayOfFloats;
17 arrayOfFloats = new float[10];
18
19 double[] arrayOfDoubles;
20 arrayOfDoubles = new double[10];
21
22 char[] arrayOfChars;
23 arrayOfChars = new char[10];
24
25 String[] arrayOfStrings;
26 arrayOfStrings = new String[10];
27
28 Object[] arrayOfObjects;
29 arrayOfObjects = new Object[10];
```

也可以在同一个语句中声明并实例化数组变量，这样会简短一点，如清单3-9所示。

清单3-9　声明并实例化基本数据类型和Object类型的数组变量

```
01 boolean[] arrayOfBooleans = new boolean[10];
02 byte[] arrayOfBytes = new byte[10];
03 short[] arrayOfShorts = new short[10];
04 int[] arrayOfInts = new int[10];
05 long[] arrayOfLongs = new long[10];
06 float[] arrayOfFloats = new float[10];
07 double[] arrayOfDoubles = new double[10];
08 char[] arrayOfChars = new char[10];
09 String[] arrayOfStrings = new String[10];
10 Object[] arrayOfObjects = new Object[10];
```

某些情况下，可能一开始就拥有数组所需的全部数据。这种情况经常发生在静态的、常见数据的短数组中，例如周几、月份等。清单 3-10 展示了声明数组变量，并用一些实际的值进行初始化的例子。

清单 3-10　声明并初始化基本数据类型和 Object 类型的数组变量

```
01 boolean[] bools = new boolean[]{false, true};
02 byte[] bytes = new byte[]{0, 1, 2, 3};
03 short[] shorts = new short[]{1024, 2048};
04 int[] ints = new int[]{10, 20, 30};
05 long[] longs = new long[]{2e24, 2e18};
06 float[] floats = new float[]{1.01, 1.02};
07 double[] doubles = new double[]{1.03, 1.04};
08 char[] chars = new char[]{'a', 'b', 'c'};
09 String[] strings = new String[]{"hello", "world"};
10 Object[] objects = new Object[]{new Object()};
```

☕ Java 编程说明

应该只对含有少量元素的数组采用这种声明并初始化的方式。如果数组元素较多，可考虑以数据驱动的方式加载数组元素。

🔍 游戏开发说明

虽然在开发游戏时，数组可能被认为是过时的、容易出错的，但受到严格控制的数组有时比其他数据结构快得多。不过，这种速度是以静态长度和增大出错可能性为代价的。

在本例中，我们已知要为数组设置什么值，所以在初始化化数组时，可以明确列出这些元素。采取这种方式，我们可以在实例化数组的同时对其进行初始化。这是和前两个清单（3-8 和 3-9）的重要区别。那么，到底发生了什么？什么叫在实例化的同时初始化？

好吧，这里再澄清一下。在声明一个变量时，不一定要设置它的值。一旦设置了它的值，就相当于进行了初始化。对于基本类型的变量来说，实例化和初始化没有区别，赋一个具体的值，就完成了对这种变量的初始化（实例化）。但是，对于类类型的变量（对象）来说，两者是有区别的。

声明

基本数据类型的变量本来就有一个默认值。一旦声明，它占用的内存容量就是确定的，随时都能使用。而对象在声明之后是空的，不占内存容量，你在内存中找不到它的任何"实例"：

```
int i; // 默认值为 0
Object o; // 默认值为 null
```

声明之后还需要进行实例化（初始化）。基本类型的变量因为已经保留了内存空间，所以可以直接使用这个空间，可以直接初始化为一个特定的值。但是，对于 Object 数据类型的变量，它在声明后要使用 new 关键字创建一个新的对象实例，这就是实例化：

```
int i;
i = 2; // 准备就绪
Object o;
o = new Object(); // 准备就绪
```

实例化

基本数据类型的变量可以直接使用，初始化为一个特定的值即可。对于 Object 数据类型的变量，则要使用 new 关键字创建一个新的对象实例（实例化），然后进行初始化。

```
int i = 2; // 准备就绪
Object o = new Object(); // 准备就绪
```

这里可以思考一下数组到底是什么。它是一个数据结构，存储着一系列相同数据类型的值。它有一个固定的长度，可以通过使用索引来访问数组中的每个元素。数组索引始于 0，终于"数组长度 -1"。让我们看看数组的声明、初始化和实例化是什么样的。

首先是声明。声明后的一个数组变量是空的，它还没有准备好使用：

```
int[] i; // 默认值设为 null
Object[] o; // 默认值设为 null
```

声明之后是实例化，也就是为数组变量分配内存空间，这是用 new 关键字来完成的，如下所示：

```
int[] i = new int[];
```

但是，现在的数组变量 i 还没有初始化，我们通过为其中的元素赋值来完成初始化，如下所示：

```
int[] i = new int[]{10, 20, 30}; // 准备就绪
```

记住，未初始化的数组元素是不能访问的，这一点很重要。现在，我们已经知道了如何声明、实例化和初始化一个数组。接着，让我们看看如何访问（获取和设置）一个数组元素（清单 3-11）。

清单 3-11　访问数组元素——获取和设置

```
1 boolean[] bools = new boolean[]{false, true};
2
3 // 反转两个元素的值
4 bool b = bools[0];
5 bools[0] = bools[1];
6 bools[1] = b;
```

清单 3-12 中，代码的逻辑非常清晰。只要知道一个数组元素的索引，就能获取或设置它的值。注意，始终都要使用和数组的数据类型相同或兼容的值，否则会报错。数组的一个特别有用的属性是数组长度。可以用一个变量来跟踪数组的长度，如下所示：

```
int len = 10;
int[] a = new int[len];
```

但这是笨办法。Java 数组对象支持一个 length 属性，它能自动跟踪数组长度，如清单 3-12 所示。

清单 3-12　数组的 length 属性

```
// 代码
1 int[] i = new int[10];
2 System.out.println("Array Length Is: " + i.length);

//输出
Array Length Is: 10
```

用一个循环来遍历数组的所有元素时，length 属性特别有用，因为可以根据它知道应该循环多少次。

例如，你可能想知道如何复制一个数组？好吧，你或许以为能用以下方法解决问题：

```
int[] a = new int[] {0, 1, 2};
int[] b = new int[] {4, 5, 6};
```

```
b = a;
```

事实上，这是在讨论 Java 面向对象编程时才应接触的一个主题。但是，既然都说到了这里，就不妨简单地说一下。Java 使用了一个称为"引用"的概念。这个概念适用于所有对象，其中包括数组。就本例来说，a 和 b 这两个变量存储的都是对一个数组对象的引用，而非存储数组的实际内容。

试图复制一个引用时，它只是改变了新变量 b 所指向（引用）的对象。因此，虽然看起来似乎复制了一个整数数组 a，但实际只是让 b 重新引用 a 所引用的那个数组。

清单 3-13 证明了 b 和 a 现在引用的是同一个数组（而没有创建数组的一个副本），因为在更改了 a 的第一个元素（第 7 行）后打印 b 的第一个元素，会发现它的值就是我们更改的值。以后会在适当的时候更深入地讨论这个主题。不过现在，我想在清单3-14 中向你展示可以用来真正复制数组的一个技术。它虽然有点"笨"，但切实可行。

清单 3-13　数组的复制：创建数组引用

```
// 代码
1 int[] a = new int[] {1, 2, 3};
2 int[] b = new int[] {4, 5, 6};
3
4 b = a;
5 System.out.println(" 数组 b 的元素 0: " + b[0]);
6
7 a[0] = -1;
8 System.out.println(" 数组 b 的元素 0: " + b[0]);


// 输出
数组 b 的元素 0: 1
数组 b 的元素 0: -1
```

清单 3-14　数组复制 - 创建数组的独立副本

```
// 代码
01 int[] a = new int[] {1, 2, 3};
02 int[] b = new int[] {4, 5, 6};
03
04 // 不正确的创建数组副本的方法
05 //b = a;
```

```
06
07 // 正确的复制方法
08 for (int i = 0; i < b.length; i++) {
09     if (i >= 0 && i < a.length) {
10         b[i] = a[i];
11         // 如果数组元素是对象，那么要使用以下语句
12         //b[i] = a[i].clone();
13         // 来创建对象的副本
14     }
15 }
16
17 System.out.println(" 数组 b 的元素 0: " + b[0]);
18
19 a[0] = -1;
20 System.out.println(" 数组 b 的元素 0: " + b[0]);

// 输出
数组 b 的元素 0: 1
数组 b 的元素 0: 1
```

上述代码虽然能实现数组的复制，但不是很简洁。相反，我们可以使用 System 类的 arraycopy 方法将数据从一个数组复制到另一个数组。该方法的签名如下：

```
public static void arraycopy(Object src, int srcPos, Object dest,
    int destPos, int length)
```

注意，src 和 dest 这两个方法参数都是 Object 类型。这是因为数组本质上是一个对象的实例。以后讨论对象和类时，会更多地涉及这方面的问题。

但是，严肃地说，这个复制数组的解决方案表明，在 Java 编程语言中，数组 int[] 是一个对象的实例。知道有这个方法可供利用后，清单 3-14 的代码就可以舍弃使用循环，直接使用以下语句完成数组的复制：

```
// 将数组 a 的内容复制到数组 b；
// 从 a 的元素 0 开始复制 3 个元素；
// 从 b 的元素 0 开始接收复制的内容。
System.arraycopy(a, 0, b, 0, 3);
```

最后，还需要知道如何删除数组。采取最简单的形式，下面这行代码清除了一个数组的内容：

```
some_valid_array = null
```

然而，如果数组元素是对象，并且想确保这些对象也被删除，那么可以像下面这样将每个数组元素显式设为 null：

```
for(int i = 0; i < b.length; i++) {
    b[i] = null;
}
```

为了实现某些算法逻辑，数组还有其他许多用法。但目前，你已经掌握了所有基础知识，并对高级主题有了一定了解。下一节是我们的第二个编程挑战。

3.2.4　游戏编程挑战 2：数组

本章的第二个挑战要求对指定的 Java 文件做三处小的更改。使用刚才学到的数组知识，应该能轻松完成这项挑战。涉及的包如下：

```
net.middlemind.PongClone_Chapter3_Challenge2
net.middlemind.PongClone_Chapter3_Challenge2_Solved
```

说明

找到包 net.middlemind.PongClone_Chapter3_Challenge2，然后打开 ScreenGame.java 文件。在这个挑战中，我们将研究 Pong Clone 游戏的一个需要稍作调整的版本。

首席开发人员不喜欢 DrawScreen 方法中有那么多 switch 语句。他们想删除测试 SHOW_COUNT_DOWN_IN_GAME 和 SHOW_COUNT_DOWN 游戏状态 的 switch 语句，并将它们替换为测试一个数组值的 if-else 语句。新代码已在 DrawScreen 方法中准备就绪，但目前注释掉了。你需要定义并初始化一个名为 numbers 的新整数数组，长度为 4。该数组应使用 NumberState 枚举中的每个值进行初始化。使用以下方法调用来获取数组元素的整数序号：

- NumberState.NONE.ordinal()
- NumberState.NUMBER_1.ordinal()
- NumberState.NUMBER_2.ordinal()

- NumberState.NUMBER_3.ordinal()

可以使用任何可行的方式初始化数组，但建议使用 LoadResources 方法。必须运行这个包中的 PongClone.java，即右击它并选择 Run File 以测试游戏。

线索

这里有一些线索可以帮助你应对挑战。如果不确定要为 numbers 数组设置什么值，请查看 DrawScreen 方法中被注释掉的新代码。如果不确定要将初始化代码放在 LoadResources 方法中的什么位置，请选择靠近该方法末尾的位置。

为了运行这个特定版本的游戏，必须右击包中的静态主类（即 PongClone.java），然后从上下文菜单中选择 Run File。否则，如果直接单击工具栏中的运行按钮，会运行项目的默认游戏。

如果正确解决了挑战，那么游戏应该能正常运行。

3.2.5　解决方案

此挑战的解决方案要求对 ScreenGame.java 文件做三处小的更改。第一处更改是声明一个名为 numbers 的 int 数组。通常在 Java 文件的顶部声明，但应遵循文件中现有的约定（如果有的话）。对文件进行的第二处更改是初始化数组。建议将此代码添加到 LoadResources 方法中，以便遵循对象都在同一位置初始化的约定。

对文件进行的最后一处更改是删除围绕新代码的注释，并用多行注释 /* */ 将旧代码注释掉。完成后，就可以运行 PongClone.java 并测试更改。这个挑战有点虎头蛇尾，因为新的解决方案与之前的实现相比，在实际效果上并没有任何变化。事实上，这在现实世界中很常见。人们经常为了精简代码或者提高效率而对原有的代码进行"重构"。

图 3-3 展示了倒计时代码重构后的屏幕截图（跟以前的效果一样）。

如果遇到任何问题，请查看相应解决方案包中的代码和注释。在下一节中，我们将快速了解一下列表数据结构。

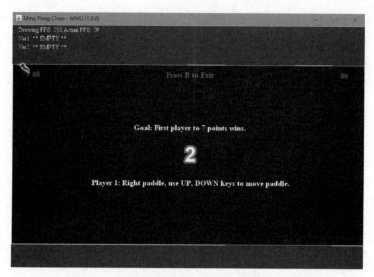

图 3-3　对倒计时功能进行了重构的解决方案

3.2.6　列表

无论多复杂的数据结构，现在就开始上手可能有点早了。但是，我希望你在读完本书后成为一名真正能干的 Java 开发人员。所以，我想以一种简明扼要的方式快速讨论一下"列表"数据结构。本节演示了列表的一个常见用例：动态数组。使用除数组以外的其他数据结构时，很可能需要导入相应的 Java 数据结构包，导入语句的形式如下所示：

```
import java.util.*
```

这样一来，就可以在程序中访问 Java 的各种数据结构类。不需要理解这里发生的关于对象和方法的所有事情。只需记住，可以将列表作为一种大小能动态调整的数组使用。清单 3-15 声明了多种类型的列表。

清单 3-15　声明列表

```
1 ArrayList<Boolean> listBooleans;
2 ArrayList<Byte> listBytes;
3 ArrayList<Short> listShorts;
4 ArrayList<Integer> listIntegers;
5 ArrayList<Long> listLongs;
6 ArrayList<Float> listFloats;
```

```
7 ArrayList<Double> listDoubles;
8 ArrayList listObjects1;
9 ArrayList<Object> listObject2;
```

上述代码声明了基本数据类型和 Object 类型的列表。注意，第 8 行和第 9 行以不同的方式将 Object 作为列表数据类型。另外，这里使用的是 Java 的 ArrayList 类，它是 List 的一个实现。

还要注意的是，在列表的声明中，不是使用实际的基本数据类型，而是使用它们的对象版本。列表的数据类型放在尖括号 <> 内。如果未指定数据类型，那么会使用默认值 Object。接着，来看看如何在声明了 ArrayList 类的对象后对其进行实例化（分配内存空间）。

清单 3-16　声明并实例化列表

```
01 ArrayList<Boolean> listBooleans;
02 listBooleans = new ArrayList();
03
04 ArrayList<Byte> listBytes;
05 listBytes = new ArrayList();
06
07 ArrayList<Short> listShorts;
08 listShorts = new ArrayList();
09
10 ArrayList<Integer> listIntegers;
11 listIntegers = new ArrayList();
12
13 ArrayList<Long> listLongs;
14 listLongs = new ArrayList();
15
16 ArrayList<Float> listFloats;
17 listFloats = new ArrayList();
18
19 ArrayList<Double> listDoubles;
20 listDoubles = new ArrayList();
21
22 ArrayList listObjects1;
23 listObjects1 = new ArrayList();
```

```
24
25 ArrayList<Object> listObjects2;
26 listObjects2 = new ArrayList();
```

清单 3-17 对上述代码进行了简化，在同一个语句中声明并实例化列表。

清单 3-17　声明并实例化列表

```
1 ArrayList<Boolean> listBooleans = new ArrayList();
2 ArrayList<Byte> listBytes = new ArrayList();
3 ArrayList<Short> listShorts = new ArrayList();
4 ArrayList<Integer> listIntegers = new ArrayList();
5 ArrayList<Long> listLongs = new ArrayList();
6 ArrayList<Float> listFloats = new ArrayList();
7 ArrayList<Double> listDoubles = new ArrayList();
8 ArrayList listObjects1 = new ArrayList();
9 ArrayList<Object> listObjects2 = new ArrayList();
```

这段代码你应该很熟悉。它和之前讨论的数组代码非常相似。在下一节中，我们将看看如何实际地使用列表。注意，在初始化代码中，我们并没有为列表指定一个大小。列表的主要特点之一就是能根据需要而调整大小。

3.2.7　使用列表

本节首先演示如何获取和设置列表中的元素。这里的"列表"具体地说是 Java 的 ArrayList 对象。使用的是和"数组"一节差不多的代码，只是稍微调整了一下以适用于 ArrayList，如清单 3-18 所示。

清单 3-18　访问 ArrayList 元素：获取和设置

```
1 ArrayList<Boolean> bools = new ArrayList();
2 bools.add(Boolean.FALSE);
3 bools.add(Boolean.TRUE);
4
5 // 反转两个元素的值
6 Boolean b = bools.get(0);
7 bools.set(0, bools.get(1));
8 bools.set(1, b);
```

注意，和数组的代码非常相似，只是这里显式使用了 get 和 set 方法与列表元素进行交互，而不是使用数组的索引操作符 []。还要注意，这里使用了基本数据类型 boolean 的对象版本 Boolean。由于列表元素的类型是对象，所以我们不得不使用对基本数据类型进行了"装箱"的 Java 对象。

基本数据类型及其相应的对象等价物之间的转换称为装箱（box）和拆箱（unbox）。这方面的更多的内容将在以后介绍。先来看看清单 3-19 列出的 ArrayList 类的一些重要方法。

清单 3-19　ArrayList 的重要方法

```
// 代码
1 ArrayList<Boolean> bools = new ArrayList();
2 bools.add(Boolean.FALSE);
3 bools.add(Boolean.TRUE);
4
5 System.out.println("ArrayList Size: " + bools.size());
6 System.out.println("ArrayList IsEmpty: " + bools.isEmpty());
```

```
// 输出
ArrayList Size: 2
ArrayList IsEmpty: false
```

对 ArrayList 进行的另一个有用的操作是复制它们，其代码与数组有点不同：

```
ArrayList<Boolean> newBools = new ArrayList(bools)。
```

针对上一个 bools 列表，我们可以初始化一个新的 ArrayList 并使用 bools 作为参数来创建它的副本。清单 3-20 展示了如何复制 ArrayList 中的元素。

清单 3-20　复制 ArrayList

```
// 代码
01 ArrayList<Boolean> bools = new ArrayList();
02 bools.add(Boolean.FALSE);
03 bools.add(Boolean.TRUE);
04
05 System.out.println("Bools ArrayList Size: " + bools.size());
06 System.out.println("Bools ArrayList IsEmpty: " + bools.isEmpty());
07
```

```
08 ArrayList<Boolean> newBools = new ArrayList(bools);
09 System.out.println("NewBools ArrayList Size: " + newBools.size());
10 System.out.println("NewBools ArrayList IsEmpty: " + newBools.isEmpty());
```

```
// 输出
Bools ArrayList Size: 2
Bools ArrayList IsEmpty: false
NewBools ArrayList Size: 2
NewBools ArrayList IsEmpty: false
```

复制 ArrayList 的方法不止一种。清单 3-21 演示了如何用一个循环来手动复制。

清单 3-21　手动复制 ArrayList

```
// 代码
01 ArrayList<Boolean> bools = new ArrayList();
02 bools.add(Boolean.FALSE);
03 bools.add(Boolean.TRUE);
04
05 System.out.println("Bools ArrayList Size: " + bools.size());
06 System.out.println("Bools ArrayList IsEmpty: " + bools.isEmpty());
07
08 ArrayList<Boolean> newBools = new ArrayList();
09 for(int i = 0; i < newBools.size(); i++) {
10    if(i < bools.size()) {
11        newBools.add(bools.get(i));
12    }
13 }
14
15 System.out.println("NewBools ArrayList Size: " + newBools.size());
16 System.out.println("NewBools ArrayList IsEmpty: " + newBools.isEmpty());
```

```
// 输出
Bools ArrayList Size: 2
Bools ArrayList IsEmpty: false
NewBools ArrayList Size: 2
NewBools ArrayList IsEmpty: false
```

使用第二种方法，可以对列表元素的复制进行更多的控制。注意，这里的代码和之前的数组代码差不多，只是替换了对列表进行复制的部分。本节的最后一段代码展示了如何删除一个 ArrayList（清单 3-22）。

清单 3-22　删除 ArrayList

```
// 代码
1 ArrayList<Boolean> bools = new ArrayList();
2 bools.add(Boolean.FALSE);
3 bools.add(Boolean.TRUE);
4 bools.clear();
5 bools = null;
```

这段代码演示了如何在将 ArrayList 设为 null 之前先调用 clear 方法来清除它的内容，最终将其删除。

☕ Java 编程说明

花点时间正确管理你的数据结构和元素。虽然 Java 有一个垃圾收集器，能为我们清理未使用的内存，但这并不意味着我们就可以完全撒手不管了。

和数组打交道时，有一个概念是要同时跟踪数组的初始化和其元素的初始化。使用 ArrayList 时也是如此。下一节是本章的最后一个挑战，它将考验我们对 ArrayList 的认识。

3.2.8　游戏编程挑战 3：ArrayList

本章最后一个挑战还是围绕 Pong Clone 游戏的主屏幕模块 ScreenGame.java 进行。在这个挑战中，我们的任务是重构当前代码，同时保持游戏功能不变。我们将使用新学的 ArrayList 来完成这一任务。涉及到的包如下：

```
net.middlemind.PongClone_Chapter3_Challenge3
net.middlemind.PongClone_Chapter3_Challenge3_Solved
```

说明

找到包 net.middlemind.PongClone_Chapter3_Challenge3，打开 ScreenGame.java 文件。在审查了上一个挑战所做的更改后，开发团队的一些人希望改为使用一个动态长度的数据结构，而不是数组。这个挑战基于上一个挑战的解决方案，所以要确保当前已经拥有正确的解决方案。你的挑战是重构该文件中正常工作的代码，将 numbers 变量更改为 ArrayList 类型，而不是数组。

还必须调整变量的初始化方式，注释掉旧代码，并在类的 DrawScreen 方法中取消对新代码的注释。如果正确解决了挑战，那么游戏应该能正常运行。为了测试游戏，必须运行这个包的 PongClone.java 文件，即右键单击它并选择"Run File"。

线索

除了注释掉 DrawScreen 方法中当前处理 SHOW_COUNT_DOWN_IN_GAME 和 SHOW_COUNT_DOWN 游戏状态的代码，还要将 numbers 变量的类型从数组改为 ArrayList。

3.2.9　解决方案

在解决方案中，需要对包中的 ScreenGame.java 文件做三处小的改动。这个文件是上一个挑战的解决方案，所以当前使用的是一个整数数组。这意味着代码已经接近我们真正需要的状态。首先，将 numbers 变量的数据类型从 int[] 改为 ArrayList。

这个更改会在 numbers 变量初始化位置上引发一系列语法错误。代码需要调整为与列表而不是数组一起工作。例如，"numbers[0] =" 变成 "numbers.add("。这是我们在软件开发过程中会经常进行的一项行动，即代码重构。经常遇到的一种情况是，我们的第一个实现并不总是最好的，需要进行一些调整。

重构并不是说出了什么错。它只是表明程序可以写得更好。简单地说，我们想出了一个稍微不同、稍微好一点的方法来做某事。在我们的解决方案中，最后一处更改是注释掉当前代码，同时取消注释 DrawScreen 方法中的新代码。

如果遇到任何问题，请查看相应解决方案包中的代码和注释。在下一节中，我们将对本章的内容进行小结。

3.3　小结

虽然本章涵盖很多内容，但都只是触及了变量这个主题的表面。以后在讲解其他主题时，还要进一步介绍变量。但是，本章为你后续的学习打下了一个坚实的基础。

现在，你已经有了一套像样的工具在 Java 程序中为数据建模。结合处理数组和动态长度数据结构（例如列表）的能力，你对语言的掌握会越来越深。

如下所示，本章的主题围绕 Java 变量展开。除此之外，本章还呈现了三个游戏编程挑战。

1. 基本数据类型：介绍了 Java 的基本数据类型以及如何声明这些类型的变量。

2. 使用基本数据类型：我们获得了使用变量的一些经验，看到了如何初始化变量的一些例子。

3. 挑战：基本数据类型。这是我们的第一个挑战，要求修复 Pong Clone 游戏的一个损坏的版本。

4. var 关键字和动态类型：本节通过 var 关键字探索了 Java 对于动态类型的支持。

5. 数组：介绍数组和它们的声明。

6. 使用数组：探讨了如何初始化数组及其元素，并涵盖了一些有用的主题，例如复制和删除数组。

7. 挑战：数组。这是一个有趣的挑战，要求在 Pong Clone 游戏的副本中重构代码。

8. 列表：我们介绍了列表数据类型，具体地说是 ArrayList，它是一种类似于数组的数据结构，只是长度能动态调整。

9. 使用列表。我们探讨了初始化 ArrayList 的方法以及如何用元素填充它。还涵盖了一些有用的主题，例如复制和删除列表。

10. 挑战：ArrayList。要求对挑战 2 的解决方案进行重构，将代码改为使用 ArrayList 而不是数组。

这一章涵盖了相当多的内容。我希望使用挑战而不是枯燥的示例程序来增加趣味性，让你不仅能获得 Java 编程的相关经验，还能学会使用 NetBeans IDE 并解决一些真实世界的编码问题。下一章的重点是在 Java 语言中控制程序流程的各种方法。

第 4 章

深入表达式和操作符、流程控制以及变量

在上一章中，我们获得了相当多在 Java 中使用变量的经验，甚至初窥了一下更复杂的数据结构，例如数组和列表。虽然我们使用 Java 数据类型进行数据建模的能力有所提高，但目前掌握的编程工具还不够。我们需要更多的工具来编写完整的程序。

本章将扩展我们的 Java 编程语言技能，在编码工具箱中加入更多的工具，包括表达式、操作符和流程控制。利用这些新的语言特性，我们可以将变量和值与各种操作符结合起来以创建表达式，还可以将流程控制语句与布尔表达式结合起来以控制程序的流程。

在本章末尾，我们将回到变量的主题，并介绍一些关于这个主题的细微之处，例如强制类型转换和自定义数据类型。好了，让我们进入正题，从 Java 编程语言的表达式和操作符开始！

4.1 表达式和操作符

如前所述，Java 编程语言为几种主要类型的表达式和相关的操作符提供了固有的支持。让我们看看语言支持哪些表达式。

- 数值表达式：变量和操作符结合以生成一个数值。
- 布尔（逻辑）表达式：变量和布尔操作符结合以生成一个 true/false 值。
- 赋值表达式：对变量进行赋值，可用于初始化或者重新赋值。
- 递增 / 递减表达式：用于对变量递增或递减的一种简写形式。
- 内联 if-else 操作符（?:）：if-else 语句的简写形式，例如可用它控制变量的初始化。
- 位（bit 表达式）：使用了 Java 按位（bitwise）操作符和移位（bit-shift）操作符的表达式，用于调整数据值并在位级别进行比较。

一般来说，在这些主要类型的表达式中，使用的操作符可以根据需要"操作"的对象（操作数）来分为以下几类。

- 一元操作符：只有一个操作数的操作符，例如，递增 / 递减操作符和取反操作符（-）。
- 二元操作符：需要两个操作数的操作符。例如，数值操作符（+，-，/，*，%）和布尔操作符（==，!=，<，>，<=，>=）。
- 三元操作符：三元操作符需要三个操作数，一个例子是内联 if-else 操作符（?:），将在讨论流程控制时再次讨论这个问题。

注意，Java 中的 ! 字符是逻辑取反操作符。它将一个 true 值转换为一个 false 值，反之亦然。另一个你可能不熟悉的操作符是模除操作符 %。模除操作符用于返回整数除法后的余数。表达式也可以按其使用的多个操作符、值甚至其他表达式来分类。

- 简单表达式：这是最基本的表达式，不使用额外的操作符、变量等。例如，使用了一元操作符的简单表达式应该只有该操作符和它所要操作的值。
- 复合表达式：这是较高级的表达式，其中使用了多个操作符、变量、方法调用或其他表达式。

涉及的主题很多，所以在正式进入细节之前，有必要先理解什么是 Java 编程语言中的表达式。Java 官方文档是这样定义表达式的：

> "表达式是由变量、操作符和方法调用组成的一种构造，它按语言的语法进行构造，并求值为单个值。"

——摘自 Java 官方文档[①]

根据定义，表达式是由变量、操作符和方法调用等低级语言特性组成的构造，这些特性在语法上是正确的，并且可以进行求值以提供单一的结果。让我们用一些例子来支持这个概念。在清单 4-1 中，我们为前面列出的每个主要表达式类型都提供了例子。

清单 4-1　Java 中不同表达式和操作符的例子

```
01 // 准备
02 ArrayList<Integer> listIntegers;
03 listIntegers = new ArrayList();
04 listIntegers.add(10);
05
```

---

① https://docs.oracle.com/javase/tutorial/java/nutsandbolts/expressions.html

```
06 // 简单数值表达式
07 int i = 5;
08 i = 10;
09 i = 5 + 5;
10 i = 11 - 1;
11 i = 11 + -1;
12 i = 100 / 10;
13 i = 100 % 3;
14 i = (1 * 10);
15
16 i = 5;
17 i = i + 5;
18 i = i - +5;
19 i = i / 5;
20 i = i % 5;
21 i = (i * 5);
22
23 // 简单布尔表达式
24 boolean b;
25 b = i == 5;
26 b = (j != d); //! 是逻辑取反操作符
27 b = (j < d);
28 b = j > listIntegers.get(0);
29 b = (j <= i);
30 b = j >= d;
31
32 // 递增 / 递减、取反、方法调用表达式
33 i = 5;
34 i++;
35 i--;
36 i = 5;
37 i = -i;
38 i = listIntegers.get(0) + 256;
39
40 // 简单字符串表达式
41 String s;
```

```
42 s = "Hello";
43 s = s + " ";
44 s += "World";、
45
46 // 复合数值表达式
47 int j;
48 double d;
49 float f;
50 i = 0 + 10 - 5;
51 j = listIntegers.get(0) + 256;
52 s = "Hello" + " " + "World!";
53 d = 10 / 2.5 + 3;
54 d = 10 * 2.5 - 3;
55 f = (float)(12.7 / 10);
56 listIntegers.set(0, 125 + j + i);
57
58 // 复合布尔表达式
59 b = i + 1 == 5 + j;
60 b = (j + listIntegers.get(0) != d);
61 b = j < d + 100;
62 b = j / 2 > (listIntegers.get(0) * 2);
63 b = (j <= i++);
64 b = j >= -d;
65
66 //assignment expressions
67 i = 5;
68 i += 5;
69 i -= 5;
70 i /= 5;
71 i %= 5;
72 i *= 5;
73
74 // 三元操作符 ?:，相当于内联的 if-else 语句
75 s = b ? "b is true" : "b is false"; //if ? then : else
76
77 // 简单按位表达式
```

```
78 int x, y, z; // 声明多个变量
79 x = 5;
80 y = 7;
81 z = x | y; // 按位 OR, z = 7
82 z = x & y; // 按位 AND, z = 5
83 z = x ^ y; // 按位 XOR, z = 2
84 z = ~x; // 按位取反（补码）, z = 10
85
86 // 简单的移位表达式
87 byte a = 64, g;
88 i = a << 2; //i = 256
89 g = (byte)(a << 2); // 因为上溢, i = 0
```

注意，在这个例子中，有的表达式同时提供了复合形式和简单形式。

☕ **Java 编程说明**

注意第 89 行和第 55 行，在给定表达式左侧用一对圆括号包含了数据类型。这称为"强制类型转换"（cast），作用是将右侧的数据强制转换成括号中指定的类型。

🔍 **游戏开发说明**

复合表达式是错，但最好能进行合并以简化表达式。一个复杂的表达式比同一表达式的简化版本效率要低。在游戏编程中，效率非常关键。

在表达式中调用类的方法是一个稍微高级一点的主题，应该在讨论 Java 类的时候涉及。上例调用了 ArrayList 类的方法，这在第 3 章讨论列表时已经讲过了。我们可以使用任何能返回有效数据类型的方法调用。

4.2　数值表达式

本章要讨论的第一种表达式是数值表达式，这或许是普通人最熟悉的。上数学课的时候，我们不经意已经见过无数的公式，而这基本上就是你在 Java 中写表达式的方式。数值表达式可以是复合表达式，使用数字操作符将多个简单表达式连接到一起。清单 4-2 展示了一系列例子。

清单 4-2　数值表达式的例子

```
01 // 准备
02 ArrayList<Integer> listIntegers;
03 listIntegers = new ArrayList();
04 listIntegers.add(10);
05
06 // 简单数值表达式
07 int i = 5;
08 i = 10;
09 i = 5 + 5;
10 i = 11 - 1;
11 i = 11 + -1;
12 i = 100 / 10;
13 i = 100 % 3;
14 i = (1 * 10);
15
16 i = 5;
17 i = i + 5;
18 i = i - +5;
19 i = i / 5;
20 i = i % 5;
21 i = (i * 5);
22
23 // 复合数值表达式
24 int j;
25 double d;
26 float f;
27 i = 0 + 10 - 5;
28 j = listIntegers.get(0) + 256;
29 s = "Hello" + " " + "World!";
30 d = 10 / 2.5 + 3;
31 d = 10 * 2.5 - 3;
32 f = (float)(12.7 / 10);
33 listIntegers.set(0, 125 + j + i)
```

数值表达式在变量初始化和 if-else 等流程控制语句中经常使用。下一节将讨论 Java 的第二种表达式：布尔表达式。

4.3 布尔表达式

第二种表达式是布尔表达式。清单 4-3 展示了这种表达式的例子，包括简单和复合形式。这种表达式主要用于布尔变量的初始化和各种流程控制语句（例如 if-else）。

布尔表达式是几乎每个程序的重要组成部分，因为它们是流程控制语句必须的。清单 4-1 在演示三元操作符时就用到了布尔表达式。

清单 4-3　布尔表达式的例子

```
01 // 准备
02 ArrayList<Integer> listIntegers;
03 listIntegers = new ArrayList();
04 listIntegers.add(10);
05
06 // 简单布尔表达式
07 boolean b;
08 b = i == 5;
09 b = (j != d);
10 b = (j < d);
11 b = j > listIntegers.get(0);
12 b = (j <= i);
13 b = j >= d;
14
15 // 复合布尔表达式
16 b = i + 1 == 5 + j;
17 b = (j + listIntegers.get(0) != d);
18 b = j < d + 100;
19 b = j / 2 > (listIntegers.get(0) * 2);
20 b = (j <= i++);
21 b = j >= -d;
```

为了熟练运用布尔表达式，你应该熟悉布尔逻辑的概念。虽然这个主题超出了本书的范围，但你应该花一些时间来了解它。只有这样，才能在各种流程控制语句中游刃有余地使用布尔操作符。

4.4　赋值表达式

Java 编程语言集成了一整套赋值表达式，有完整的形式，也有简化的复合赋值形式，支持使用各种数值操作符来方便地赋值。清单 4-4 首先展示了完整形式的赋值。

清单 4-4　完整形式的赋值表达式

```
1 i = 5;
2 i = i + 5;
3 i = i - 5;
4 i = i / 5;
5 i = i % 5; // 模除操作符返回整除后的除数
6 i = (i * 5);
```

清单 4-5 则展示了对应的简化形式，它们称为"复合赋值"。

清单 4-5　复合赋值表达式

```
1 i = 5;
2 i += 5;
3 i -= 5;
4 i /= 5;
5 i %= 5;
6 i *= 5;
```

对于赋值这么简单的事情，还要加入复合赋值这种更简化的形式，这看起来可能有点多余。但是，多使用几次，你就会感叹于它的优雅。下一节还会讨论如何简化最常见的递增和递减运算。

4.5　递增 / 递减表达式

Java 为最常见的变量递增或递减提供了捷径。这种情况在编程中经常发生，语言的设计者经常会为一些常见的写法添加"语法糖"来简化编码。先来看看如何用传统方式递增 / 递减一个变量：

```
i = i + 1;
i += 1;
i = i - 1;
```

```
i -= 1;
```

为了使这种编码变得更简单，语言专门设计了操作符来实现对一个变量进行增减 1 的操作，如下所示：

```
i++;
i--;
```

这里要指出的是，也可以改为使用 ++i 和 --i 的形式。区别在于是先递增 / 递减，再返回 i 的值，还是先返回 i 的值，再递增 / 递减。如果操作符放在前面，就是前者；如果操作符放在后面，则是后者。换言之，你只需看操作符的位置即可。清单 4-6 展示了这两种形式的区别。

清单 4-6   赋值表达式示例

```
// 代码
01 int q; // 声明变量
02
03 q = 5; // 初始化
04 int q1 = q++; // 先返回 q 的现有值并赋给 q1，再对 q 进行递增，这称为后递增
05
06 q = 5; // 初始化
07 int q2 = ++q; // 先对 q 进行递增，再将结果赋给 q2，这称为前递增
08
09 System.out.println("q++: " + q1);
10 System.out.println("++q: " + q2);

// 输出
01 q++: 5
02 ++q: 6
```

看出区别了吗？第 4 行是后递增，即先将变量现有的值赋给另一个变量，再进行递增。而第 7 行是前递增，即先递增变量现有的值，再将新值赋给另一个变量。如果还不理解请体会一下输出。

在下一节中，我们将看一下可以对整数变量执行的（二进制）各种按位（bitwise）操作。

4.6　按位表达式

　　按位表达式并不常用。事实上，完全可能搞了好几年 Java 编程都用不上它们。这是因为它们相当低级，只有在处理字节和二进制数据时才会派上用场。不过，这并不是不熟悉它们的借口，所以这里还是简单介绍一下。

清单 4-7　按位表达式的例子

```
01 // 准备
02 int x, y, z;
03
04 // 简单按位表达式
05 x = 5;
06 y = 7;
07 z = x | y; // 按位 OR, z = 7
08 z = x & y; // 按位 AND, z = 5
09 z = x ^ y; // 按位 XOR, z = 2
10 z = ~x; // 按位取反（补码）, z = 10
11
12 // 复合按位表达式
13 z = ++x | y--;
14 z = x * y & y + 10;
15 z = x ^ y / 256;
16 z = ~(x * 2);
```

　　对按位操作的深入讨论超出了本书的范围。请自己花点时间看一下 AND、XOR、OR 和补码（取反）逻辑运算的资料，以弥补这方面的不足。再次提醒，这是 Java 编程语言（和其他所有编程语言）的一个有点深奥的领域。先对这些主题有一个初步的了解即可。下一节还会讨论 Java 支持的另一种位操作：移位（bit-shift）。

4.7　移位表达式

　　我们要讨论的最后一种表达式是移位表达式，它们也针对二进制位进行操作。虽然你可能认为这些表达式对你没有用处，因为你不会做任何二进制编程，但再深入想想，移位是一种非常快速的乘以或除以 2 的方法。

这在特定情况下恰好是非常频繁的一种计算，值得把它搞懂。清单 4-8 展示了一个例子。

清单 4-8　移位表达式的例子

```
// 代码
1 byte a = 64, g;
2 i = a << 2;
3 g = (byte)(a << 2);
4 System.out.println("a: " + a);
5 System.out.println("i and g: " + i + ", " + g);

// 输出
1 a: 64
2 i and g: 256, 0
```

在这个简单的移位表达式的例子中，原始值 64 现在变成 256，也就是 64*4。这告诉我们一个值左移两位的效果是什么？它告诉我们，左移两位与乘以 4 是一样的。类似地，左移一位相当于乘以 2。反过来说，右移位相当于做除法。例如，对于原始值 256，右移两位相当于除以 4，结果是 64。

有符号右移 >> 和无符号右移 >>> 之间的区别在于，进行有符号右移时，位值被推向右边，腾出的位用符号位来填充。而在进行无符号右移时，腾出来的总是用零填充（忽略符号位）。

同样地，位操作并不适合所有人，如果你不需要或不想使用，就不要使用。但是，应该知道这些功能的存在，即使还没有完全适应它们。在开始编码之前，随时都可以查阅一些例子。接下来，我们将总结 Java 语言的全部操作符，并按优先级进行排序。

4.8　操作符和操作符优先级

现在，我们已经知道了 Java 支持的所有主要表达式类别，接着应该完整地看一下所有涉及到的操作符，并按优先级进行排序。操作符优先级是指两个操作符在同一个表达式中出现时的处理顺序。

以下展示了 Java 操作符，从最重要的、最先处理的，到最不重要的、最后处理的。

- 数组索引 []，成员访问 .，方法调用 .，后递减 --，后递增 ++
- 按位取反（补码）~，强制类型转换 ()，逻辑取反 !，对象创建 new，前递减 --，前递增 ++，一元负 -，一元正 +
- 除 /，乘 *，取余（模除）%
- 加 +，字符串连接 +，减 -
- 左移 <<，有符号右移 >>，无符号右移 >>>
- 大于 >，大于等于 >=，小于 <，小于等于 <=，类型检查 instanceof
- 相等 ==，不相等 !=
- 按位 AND &，逻辑 AND &&
- 按位异或 ^，逻辑异或 ^
- 按位 OR |，逻辑 OR ||
- 条件 AND &&
- 条件 OR ||
- 条件 ?:（三元操作符）
- 赋值 =，复合赋值 +=，-+，*=，/=，%=，&=，^=，/=，<<=，>>=，>>>=

不需要一下子全部记住这些操作符及其优先级，但在需要时可以回头来参考。大多数情况下，建议使用圆括号来分组操作符和值，从而显式指定优先级。

在下一节中，我们将看一下对 Java 程序流程进行控制的不同方法。

4.9　流程控制

虽然到此为止你已经学到了相当多的知识，但仍然只知道如何声明变量和对数据进行建模。在控制程序如何执行方面，还没有获得多少经验。流程控制是任何程序的一个重要组成部分。没有它，我们就不能根据一个变量的值来选择执行一个代码分支，许多有趣的程序也就无法写出。

下面看看三种不同的流程控制方法。第一种是传统的 if-else 语句，其中包括 else-if 子句。第二种是根据一个条件变量来从多个代码分支中选择一个的 switch 语句。最后一种流程控制方法是 try-catch 语句，它先尝试执行可能发生异常的语句，如果真的发生异常就捕捉异常并进行处理。

4.9.1 if-else 语句

if-else 语句（也包括 else-if 子句，但为了简洁起见，后面不再明确列出）是控制 Java 程序执行流程的主要方式。if-else 语句接收一个布尔表达式，并根据表达式的结果有条件地执行某些代码。这种类型的布尔表达式也称为条件表达式。先让我们看看这种控制结构最基本的形式。

清单 4-9 基本 if-else 语句的例子

```
1 if( 条件表达式 ) {
2    // 条件满足时执行的语句
3 } else {
4    // 否则执行的语句
5 }
```

下面通过一个实际的例子来进一步体会，用 if-else 语句来控制变量的赋值。

清单 4-10 用 if-else 语句有条件地对变量进行赋值

```
1 boolean b = true;
2 int i = 0;
3 if(!b) {
4    // 满足条件就将 i 更改为 5
5    i = 5;
6 } else {
7    // 否则更改为 10
8    i = 10;
9 }
```

这个 if-else 语句的用法应该很熟悉，不是吗？你能想到用我们工具箱中已有的东西来做同样的事情吗？如果你想到了三元操作符，那么就对了，如清单 4-11 所示。

清单 4-11 用三元操作符替代 if-else 语句

```
1 boolean b = true;
2 int i = !b ? i = 5 : i = 10;
```

当然，以上只是 if-else 语句最简单的用法。它能做的不仅仅是对变量进行有条件的赋值。让我们看一下 Pong Clone 游戏的 ScreenGame.java 类中的一个例子。可以在 net.middlemind.PongClone 包中找到这个 Java 类。

清单 4-12　ScreenGame.java 中复杂的 if-else 语句的例子

```
01 public boolean ProcessKeyPress(char c, int code) {
02   if(state == State.SHOW_GAME && pause == false) {
03     if(gameType == GameType.GAME_TWO_PLAYER) {
04       if(c == 'x' || c == 'X') {
05         paddle1MoveUp = false;
06         paddle1MoveDown = true;
07         return true;
08       } else if(c == 's' || c == 'S') {
09         paddle1MoveUp = true;
10         paddle1MoveDown = false;
11         return true;
12       }
13     }
14   }
15   return false;
16 }
```

我们用这个较复杂的 if-else 语句处理 Pong Clone 游戏的键盘输入。

让我们关注一下第 4 行 ~ 第 13 行的 if-else 语句。在清单 4-13 中，我们将这个 if-else 语句单列出来，并稍微调整了它的结构。

清单 4-13　扩充的 if-else 语句例子

```
01 if(c == 'x') {
02   paddle1MoveUp = false;
03   paddle1MoveDown = true;
04   return true;
05 } else if(c == 'X') {
06   paddle1MoveUp = false;
07   paddle1MoveDown = true;
08   return true;
09 } else if(c == 's') {
10   paddle1MoveUp = true;
11   paddle1MoveDown = false;
12   return true;
13 } else if(c == 'S') {
14   paddle1MoveUp = true;
```

```
15    paddle1MoveDown = false;
16    return true;
17 }
```

在这个扩充的 if-else 语句中，每种要判别的情况都有自己对应的 else-if 子句。

注意，可以使用 if-else 语句（好吧，严格地说是 if-else-if 语句，但是你懂的）来检查一个变量的值，并根据结果来执行不同的分支。但这样写有点繁琐，因为必须一次又一次地检查同一个变量的值。

每个分支都要检查一次。想想这个问题吧。这实际是编程中一种常见的情况。为了简化编码，我们还可以选择一种更简洁的方法，也就是使用 switch 语句。

4.9.2　switch 语句

switch 语句是 Java 编程语言支持的另一种流程控制工具，它主要用在必须根据某个变量的值来采取多个不同行动的时候。在前面的例子中，该变量就是 char 变量 c。清单 4-14 展示了如何用 switch 语句替代 if-else 语句。

清单 4-14　switch 语句的例子

```
01 switch(c) {
02    case 'x':
03      paddle1MoveUp = false;
04      paddle1MoveDown = true;
05      return true;
06    case 'X':
07      paddle1MoveUp = false;
08      paddle1MoveDown = true;
09      return true;
10    case 's':
11      paddle1MoveUp = true;
12      paddle1MoveDown = false;
13      return true;
14    case 'S':
15      paddle1MoveUp = true;
16      paddle1MoveDown = false;
17      return true;
18    }
```

花点时间看看这个 switch 语句的结构。每个 else-if 语句都被一个 case 子句取代，这些 case 子句检查条件变量 c 的值。switch 语句的 case 子句通常以 break 语句结束，但在某些情况下，return 语句也好使。清单 4-15 是一个结构稍有调整的 switch 语句，它与之前展示的第一个 if-else 语句更为接近，我们将用 break 语句来代替 return 语句。

清单 4-15　带有 break 和 default case 子句的 switch 语句

```
01 switch(c) {
02   case 'x':
03   case 'X':
04     paddle1MoveUp = false;
05     paddle1MoveDown = true;
06     break;
07   case 's':
08   case 'S':
09     paddle1MoveUp = true;
10     paddle1MoveDown = false;
11     break;
12   default:
13     paddle1MoveUp = false;
14     paddle1MoveDown = false;
15     break;
16 }
```

两个 switch 结构不同，效果一样，而且后者更简洁。注意，我们用同一个 case 来处理条件变量值 "x" 和 "X" 的情况。这是一个使用 switch 语句的 case 子句将类似情况分成一组的例子。换言之，不管按下的是 "x" 键，还是在打开大写字母锁时按下 "X"，运行的代码都是一样的。这和我们之前展示的 if-else 语句的结构相似。最后，switch 语句有一个 default case（默认情况）。这和 if-else-if 语句最后的 else 子句相似。如果之前没有任何 case 能直接匹配条件变量 c 的值，就执行这个 case。

大多数情况下，switch 语句都非常直接。它们紧跟 if-else 语句的逻辑，而且在某些情况下还更简洁。switch 语句只能用于某些数据类型，包括 byte、short、char、int 和 enum（枚举）。在下一节中，我们将看到一种不同形式的流程控制：用 try-catch 语句处理异常。

4.9.3　try-catch 语句

到目前为止，我们讨论的所有流程控制语句都要检查某个变量的值，并根据结果选择执行一个分支的代码。if-else 语句在大多数时候都能很好地解决这个问题。有时可以考虑使用 switch 语句，以更简洁的方式进行编码对同一个变量的值进行检查以选择分支的情况。

有的时候，我们想要在发生错误（异常）时控制程序的流程。针对这种特殊情况，Java（和其他大多数语言）提供了 try-catch 语句。清单 4-16 展示了一个基本的例子。

清单 4-16　try-catch 语句的例子

```
// 代码
1 try {
2     int t;
3     String u = "test";
4     t = Integer.parseInt(u); // 这行代码抛出一个异常
5 } catch (Exception e) {
6     e.printStackTrace();
7 }

// 输出
1 java.lang.NumberFormatException: forinput string: "test"
```

在这段代码中，第 3 行将字符串变量 u 初始化为一个单词而不是数字。这在一般情况下不会出什么问题，但第 4 行试图将该字符串转换为整数类型。这行代码会失败，并抛出一个 NumberFormatException 异常。我们可以在代码中捕捉到这个异常，并得体地处理它。

注意，这里并没有捕捉上述具体异常，更是捕捉更一般的 Exception 异常。但是，这样做只是出于演示目的。在实际编码时，应该首先捕捉较具体的异常，然后再捕捉较一般的。捕捉到异常后，本例所做的事情仅仅是报告错误（第 6 行）。但是，我们完全可以在 catch 子句中采取任何措施来纠正遇到的异常，或者报告问题并得体地退出程序。

无论哪种情况，我们都能在遇到异常后控制程序的流程。try-catch 语句将有可能出错的代码包围起来，并能捕捉它抛出的异常。采用这种方式，我们可以保护可能出错的代码，同时对错误做出应对，使我们的 Java 程序变得更健壮。

在下一节中，我们将通过一个关于流程控制的挑战来巩固刚才学到的知识。

4.9.4 游戏编程挑战 4：流程控制

在本章的第一个挑战中，将运用流程控制的知识来更改 Pong Clone 游戏的一个副本。它要求更改游戏的输入处理，以支持更多的键盘按键。让我们看一下细节。

本挑战涉及以下包：

net.middlemind.PongClone_Chapter4_Challenge1
net.middlemind.PongClone_Chapter4_Challenge1_Solved

说明

找到包 net.middlemind.PongClone_Chapter4_Challenge1，打开其中的 ScreenGame.java 文件。一些测试人员报告说，在玩双人游戏时，控制挡板有点困难。为此，我们考虑映射两组新的按键，每组两个，为玩家 1 和 2 增加新的挡板上移和下移控制。

找到 ScreenGame 类的 ProcessKeyPress 和 ProcessKeyRelease 方法。必须使用 Java 流程控制语句的知识来增加对两组新的键盘按键的支持：一组用于玩家 1，使挡板上下移动，另一组用于玩家 2，做同样的动作。使用现有的玩家 1 的代码作为模板。注意，在测试时必须运行这个包的 PongClone.java，即右键单击它并选择"Run File"。

线索

必须根据所用的键盘按键，以及该键是被按下（press）还是松开（release），将以下变量设为 true 或 false：

- paddle1MoveUp
- paddle1MoveDown
- paddle2MoveUp
- paddle2MoveDown

记住，必须在处理按键释放（松开）的方法 ProcessKeyRelease 中重置布尔变量；否则，玩家的挡板就会被卡住，一直向上或向下移动。

为了运行这个特定版本的游戏，必须右击包中的静态主类（即 PongClone.java），然后从上下文菜单中选择 Run File。否则，如果直接单击工具栏中的运行按钮，会执行项目的默认游戏。

如果正确解决了挑战，那么游戏应该能正常运行，并允许使用刚做的新键盘映射来控制 player1 和 player2 的挡板。

4.9.5　解决方案

在解决方案中，需要对挑战包的 ScreenGame.java 文件做两处修改，具体地说是在 ProcessKeyPress 方法和 ProcessKeyRelease 方法中。解决方案的第一部分要求遵循 ProcessKeyPress 方法中现有的代码，这样就能以和原始控制键相同的方式支持新键，如清单 4-17 所示。

清单 4-17　挑战 1 的一个可能的解决方案

```
01 public boolean ProcessKeyPress(char c, int code) {
02    if(state == State.SHOW_GAME && pause == false) {
03       if(gameType == GameType.GAME_TWO_PLAYER) {
04          if(c == 'x' || c == 'X' || c == '1' || c == '!') {
05             paddle1MoveUp = false;
06             paddle1MoveDown = true;
07             return true;
08
09          } else if(c == 's' || c == 'S' || c == '2' || c == '@') {
10             paddle1MoveUp = true;
11             paddle1MoveDown = false;
12             return true;
13          }
14
15          if(c == '9' || c == '(') {
16             paddle2MoveUp = false;
17             paddle2MoveDown = true;
18             return true;
19
20          } else if(c == '0' || c == ')') {
21             paddle2MoveUp = true;
22             paddle2MoveDown = false;
23             return true;
24          }
25       }
```

```
26    }
27    return false;
28 }
29
30 public boolean ProcessKeyRelease(char c, int code) {
31    if(state == State.SHOW_GAME && pause == false) {
32       if(gameType == GameType.GAME_TWO_PLAYER) {
33          if(c == 'x' || c == 'X' || c == '1' || c == '!') {
34             paddle1MoveDown = false;
35             return true;
36
37          } else if(c == 's' || c == 'S' || c == '2' || c == '@') {
38             paddle1MoveUp = false;
39             return true;
40          }
41
42          if(c == '9' || c == '(') {
43             paddle2MoveDown = false;
44             return true;
45
46          } else if(c == '0' || c == ')') {
47             paddle2MoveUp = false;
48             return true;
49          }
50       }
51    }
52    return false;
53 }
```

这里要注意一个重点，我们将 player1 和 player2 的按键事件处理程序拆分为两个不同的 if-else 语句。为什么呢？好吧，想想我们之前如何将 if-else 语句转换为 switch 语句的。如果 player1 和 player2 的输入都由同一个 switch 语句来处理，会怎样呢？

如果你能想到，switch 语句每次只能跳转到一个 case 子句，而在两个玩家的情况下，它不能同时处理两个人的按键，那么就对了。如果只使用一个 if-else 语句，那么也会发生同样的事情。为了使两个玩家的输入都独立处理，需要使用两个独立的 if-else 语句。

4.10　深入变量

到目前为止，本章已经涵盖了相当多的主题，但我想暂时回到变量，并简要讨论它的一些细微之处，以真正完善我们对这个主题的理解。现在，我们已经有了使用各种 Java 表达式的经验，并且学会了布尔表达式和 if-else 语句。但在变量这个主题上，我还想涉及更多的一些东西。

下面将简要讨论一下自定义数据类型和数据类型的强制转型。首先，我们将通过对枚举的介绍来接触自定义数据类型。

4.10.1　枚举

Java 编程语言有一个称为"枚举"（enumeration）的概念。枚举是具名常量的一个列表。在 Java 中，枚举定义了一个类类型。枚举可以有构造函数、方法和实例变量。它是用 enum 关键字创建的。每个枚举常量都默认 public、static 和 final。

关于类的一些特征，例如构造函数、方法和字段访问、公共或静态等，将在以后讲到 Java 类的时候更详细地解释。在本章中，你将对类的主题有一个非常基本的接触。现在，你只需照本宣科，把这些概念记在脑中即可。如果还没有完全理解，也不必着急。清单 4-18 展示了使用 enum 关键字来声明并初始化枚举的一个例子。

清单 4-18　声明并初始化枚举

```
01 private enum State {
02     NONE,
03     SHOW_GAME,
04     SHOW_COUNT_DOWN,
05     SHOW_COUNT_DOWN_IN_GAME,
06     SHOW_GAME_OVER,
07     SHOW_GAME_EXIT
08 };
09
10 public State gameState = State.NONE;
```

一旦声明并初始化枚举，就可以如下使用 Java 成员操作符（.）来引用其成员：

```
if (gameState == State.SHOW_GAME) { ... }
```

这使枚举的使用变得简洁而直观。当然，也可以用其他"笨"办法来达到相同的效果。例如，可以用一组整数来做同样的事情：

```
int NONE = -1;
int SHOW_GAME = 0;
int SHOW_COUNT_DOWN = 1;
int SHOW_COUNT_DOWN_IN_GAME = 2;
int SHOW_GAME_OVER = 3;
int SHOW_GAME_EXIT = 4。
```

像这样实现其实也不差。它同样容易理解。但有一个问题是，必须为每种游戏状态都定义一个唯一的值。采用整数变量，我们要这样写条件语句：

```
if (gameState == SHOW_GAME) { ... }
```

两者区别似乎不大，但在这个例子中，我们其实失去了"状态"的概念。就这个例子而言，这一点稍微不那么重要，因为我们所用的变量被正确命名为 gameState。不过，也不用过多地深究。只需记住，使用枚举能使代码更简洁、更直观。枚举是 Java 编程语言的一个非常强大的工具。在为下一个项目编码时，请记得使用它们。

4.10.2　非常基本的 Java 类

虽然枚举有一定用处，而且很容易自定义来创建一个新的数据类型。但是，它们的限制也很大。其成员必须为整数类型。仅这一点就足以使我们需要寻找其他数据类型定制方法。沿着这条线索，我们找到了另一种创建自定义数据类型的方法：基本 Java 类。

清单 4-19　一个基本 Java 类的例子

```
1 public class GameData {
2     public State gameState = State.NONE;
3     public int numberOfPlayers = 1;
4     public boolean gameOver = false;
5     public String playerName = "AAA";
6 }
7
8 public GameData gameMetaData;
9 gameMetaData = new GameData();
```

清单 4-19 的代码和清单 4-18 的代码有些相似。它定义了一个非常简单的 Java 类，设计用于保存多种不同的信息。之前将这些称为变量，但在类中，我们把将它们称为类的字段，或者更宽泛地称为类的成员。

注意，现在可以创建这种数据类型的变量，如第 8 行～第 9 行所示。这和使用枚举的方式非常相似，但在类的情况下，我们可以创建容纳了不同类型字段的类，其中甚至包括其他类和枚举。这样一来，我们对于可以建模的数据类型就有了更多的选择。

下一节将拓展基本数据类型变量的主题，解释如何在不同基本数据类型之间转换。

4.10.3　强制类型转换

本节讨论的强制类型转换仅限于在基本数据类型之间，包括 byte、char、short、int、long、float、double、String、boolean。String（字符串）的转换是独一无二的，所以让我们先把这个问题解决了。清单 4-20 展示了如何将一个字符串值转换为其他基本数据类型。

清单 4-20　从字符串转换为其他基本数据类型

```
01 // 准备
02 String u;
03
04 //byte
05 u = "128";
06 try {
07    byte tB;
08    tB = Byte.parseByte(u);
09 } catch (Exception e) {
10    // 错误，退出程序
11    return;
12 }
13
14 //char
15 u = "c";
16 try {
17    char tC = u.toCharArray()[0];
18 } catch (Exception e) {
19    // 错误，退出程序
```

```
20    return;
21 }
22
23 //short
24 u = "1024";
25 try {
26    short tS;
27    tS = Short.parseShort(u);
28 } catch (Exception e) {
29    // 错误，退出程序
30    return;
31 }
32
33 //int
34    u = "10";
35    try {
36    int tI;
37    tI = Integer.parseInt(u);
38 } catch (Exception e) {
39    // 错误，退出程序
40    return;
41 }
42
43 //long
44 u = "2048";
45 try {
46    long tL;
47    tL = Long.parseLong(u);
48 } catch (Exception e) {
49    // 错误，退出程序
50    return;
51 }
52
53 //float
54 u = "100.05";
55 try {
56    float tF;
```

```
57    tF = Float.parseFloat(u);
58 } catch (Exception e) {
59   //error, exit the program
60   return;
61 }
62
63 //double
64 u = "200.10";
65 try {
66    double tD;
67    tD = Double.parseDouble(u);
68 } catch (Exception e) {
69   // 错误，退出程序
70   return;
71 }
72
73 //boolean
74 u = "true";
75 try {
76    boolean tBl;
77    tBl = Boolean.parseBoolean(u);
78 } catch (Exception e) {
79   // 错误，退出程序
80   return;
81 }
```

看起来有点复杂，但稍微分解一下就容易了。从字符串数据类型转换为其他基本数据类型并没有那么简单。这里面涉及到一点编码的问题。例如，如果要转换的字符串值不是 "true" 或 "false"，那么无法将其准确地转换为布尔值，会抛出一个异常。

为了实际进行转换，我们要依赖数据类型的"装箱"版本，包括 Byte、Short、Integer、Long、Float、Double 和 Boolean。对于 char 的转换，我们只使用字符串的第一个字符值（将字符串转换为一个 char 数组，并只取第一个元素）。这可能为 null（表明字符串为空）。所以，我们也要准备好在这个转换过程中捕获一个异常。对于其余的基本数据类型，我们使用了一个 parseXXX 方法，这是基本数据类型的对象版本所支持的一个静态方法。

　　静态方法是在类本身上调用的方法，而不是在类的实例（对象）上调用。例如，要将一个 String s 转换为一个 int j，可以使用以下方法调用：

```
j = Integer.parseInt(s)
```

与此同时，要准备好在字符串不包含字符串形式的整数时捕获一个异常。

清单 4-21 展示了如何从其他基本数据类型转换到 String 数据类型。

清单 4-21　从基本数据类型转换为字符串

```
01 // 准备
02 String u;
03
04 u = (tB + ""); //byte
05 u = (tC + ""); //char
06 u = (tS + ""); //short
07 u = (tI + ""); //int
08 u = (tL + ""); //long
09 u = (tF + ""); //float
10 u = (tD + ""); //double
11 u = (tBl + ""); //boolean
```

　　清单 4-21 是清单 4-20 的延续，展示了如何将各种基本数据类型以 "null 安全"的方式转换为 String 数据类型。所谓 "null 安全"，是指即使操作数为 null，也不会引发异常。注意，我们没有调用任何方法来转换这些值。相反，这里依靠的是 Java 语言本身的特性，它可以帮你转换一个 Object（所有类的基类）。在这个例子中，它自动装箱基本数据类型，把它转换为相应类型的一个对象：byte，short，integer，long，float，double，boolean。然后，它自动调用内部的 toString 方法来返回一个字符串。该字符串与空字符串（""）连接并返回结果。采用这种方式，我们可以在不调用方法的情况下返回一个字符串值。

　　现在，我们已经完成了基本数据类型与字符串的相互转换，接着讨论数值基本数据类型之间的转换（例如，float 和 int 之间的转换）。事实上，在某些情况下，我们可以毫无顾忌地从较小的数据类型转换为较大的数据类型。清单 4-22 展示了一些例子。

清单 4-22   隐式和显式转换

```
01 // 隐式转换
02 byte b = 8;
03 //char c = b; //cannot convert to char implicitly
04 int i = b;
05 long l = b;
06 float f = b;
07 double d = b;
08
09 // 显式转换
10 f = (float)d;
11 l = (long)d;
12 i = (int)d;
13 c = (char)d;
14 b = (byte)d;
```

隐式转换由编译器自动完成，它不会报错。原因在于，我们是从一个较小的数据类型转换为一个较大的数据类型，所以不存在丢失数据的可能性，如第 1 行 ~ 第 7 行所示。但是，反方向转换时，就不能这样写了。除非我们明确（显式）告诉编译器，我们知道正在进行的转换可能导致数据丢失，否则编译器会报错。

那么，为什么数据可能丢失？嗯，这完全就是一个存储空间的问题。用来描述 long 的信息不可能完全装进一个 byte。从 long 转换为 byte 时，我们面临着数据丢失的风险，因为一个字节无法容纳像 long 数据类型的变量那么大的数字。为了进行这种类型的转换，我们必须让编译器知道我们已经意识到了这种风险。为此，需要在赋值操作符（=）的右侧用一对圆括号明确指定目标数据类型。

4.10.4   游戏编程挑战 5：枚举

本章的第二个挑战比之前的挑战复杂一些，但也不必担心，可以使用现有的代码作为模板来完成这个挑战所需的全部修改。

本挑战涉及下面这些包：

net.middlemind.PongClone_Chapter4_Challenge2 net.middlemind.PongClone_Chapter4_Challenge2_Solved

说明

找到包 net.middlemind.PongClone_Chapter4_Challenge2，打开其中的 ScreenGame.java 文件。该项目的首席程序员想测试一下让倒计时更长。你的挑战是将倒计时从 3 秒增加到 5 秒。还要更新用于倒计时的图片，使其没有蓝边。这会使我们的挑战变得更特别一些。

为了完成这一挑战，我们必须做几件事。下面列出一般步骤。

1. 更新倒计时枚举，以支持数字 4 和 5。在现有枚举条目的基础上更改。

2. 对类进行更新，以包括变量 number4 和 number5。基于现有变量（number1、number2 和 number3）进行更改。

3. 找到 ScreenGame 类中的 LoadResources 方法，并找到变量 number1、number2 和 number3 的初始化位置。对 number4 和 number5 也进行初始化。基于现有代码进行更改。

4. 更改用于初始化变量 number1~number5 的图片文件，在 ".png" 前加一个 2。例如，文件名 "num_1_lrg.png" 变成 "num_1_lrg2.png"。

5. 找到 DrawScreen 方法，取消注释倒计时期间绘制五个数字的新代码，注释掉只支持绘制三个数字的旧代码。

完成这些步骤后，就可以运行包中的 PongClone.java 文件并开始玩新游戏了。你会注意到游戏开始前有了 5 秒钟的倒计时。另外，所有数字图像的蓝色边框都去掉了。

线索

对于这个挑战，最好的线索是看一下现有的代码，把它作为一个模板。

为了运行这个特定版本的游戏，必须右击包中的静态主类（即 PongClone.java），然后从上下文菜单中选择 Run File。否则，如果直接单击工具栏中的运行按钮，会运行项目的默认游戏。

如果正确解决了挑战，那么游戏应该正常运行，并显示一个 5 秒钟的倒计时，数字周围也没有了蓝色边框。解决这个挑战时一定要慢慢来。由于变量名称之间的相似性，很容易出错。

4.10.5　解决方案

解决这个挑战需要对 ScreenGame.java 文件做四处改动。第一处改动是在状态跟踪枚举中为倒计时器添加新的条目。之前已经有了数字 1 到 3 的条目，所以只需以现有代码为模板，添加数字 4 和 5 的条目。

必须做的第二处更改是添加新的 MmgBmp 变量：number4 和 number5，以代表倒计时的第 4 和第 5 秒。这同样有现成的代码可供利用（用于声明变量 number1~number3 的那些）。以现有代码为模板创建 number4 和 number5。同样地，在 LoadResources 方法中找到这些变量的初始化位置，并为 number4 和 number5 添加相应的初始化代码。

听起来有点麻烦，但其实粘贴现有初始化代码的一个副本，并分别为 number4 和 number5 定制即可。清单 4-23 展示了如何初始化一个数字变量。

清单 4-23　数字变量的初始化示例

```
01 // 加载数字 3 的配置
02 key = "bmpNumberThree";
03 if(classConfig.containsKey(key)) {
04     file = classConfig.get(key).str;
05 } else {
06     file = "num_3_lrg2.png";
07 }
08
09 lval = MmgHelper.GetBasicCachedBmp(file);
10 number3 = lval;
11 if(number3 != null) {
12   MmgHelper.CenterHorAndVert(number3);
13   number3 = MmgHelper.ContainsKeyMmgBmpScaleAndPosition("numberThree",
          number3, classConfig, number3.GetPosition());
14   number3.SetIsVisible(false);
15   AddObj(number3);
16 }
```

记住，还必须调整为 number1~numer3 加载的图像资源的名称。使用以 "2.png" 结尾的文件名。如果一切按计划进行，应该在新的五秒倒计时器中看到无边框的数字，如图 4-1 所示。

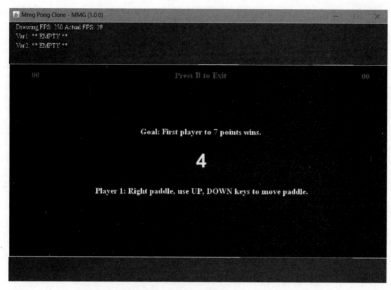

图 4-1　带有 5 秒倒计时器的 Pong Clone 游戏

4.11　小结

本章涵盖相当多的主题，并扩展了我们的编码工具箱，加入了一些非常有用的工具，例如 if-else 和 switch 语句。在下一章中，我们将继续探索 Java 语言，向你介绍一些非常有用的数据结构。在结束本章之前，让我们看看本章讨论了哪些主题。涉及以下 Java 语言特性。

1. 数值表达式：语言的主要表达式类型之一，会用到许多数值操作符。

2. 布尔表达式：第二重要的表达式类型，用于创建条件。与流程控制语句结合，我们可以控制程序的执行流程。

3. 赋值表达式：除了完整的赋值表达式，我们还讨论了复合赋值表达式以及相应的操作符。

4. 递增 / 递减表达式：我们讨论了如何用一些特殊的操作对变量进行递增 / 递减。

5. 按位表达式：这种表达式对数值信息进行位（bit）级逻辑运算，例如 AND、OR 和 XOR 运算。

6. 移位表达式：可利用移位表达式快速乘或除一个值，而且某些乘法的运算速度更快。

7. 操作符优先级：我们按优先级列出了各种操作符，包括按位和三元操作符。

8. if，if-else，if-else-if 语句：if-else 是最基本的流程控制语句。

9. switch 语句：该语句更适合基于单个变量的多个分支代码。

10. try-catch 语句：为可能抛出异常的代码使用这种语句。

11. 挑战：流程控制。在这个有趣的挑战中，我们需要在 Pong Clone 游戏中创建新的按键映射，允许玩家 1 和玩家 2 使用新的按键来分别控制他们的挡板。

12. 枚举：讲解了如何使用枚举来创建自定义数据类型，它具有特定的用途。

13. 非常基本的 Java 类：我们回顾了在 Java 中创建自定义数据类型的第二种技术，也就是使用非常基本的类。我们展示了一个新的、自定义的数据类型，它用于存储一个正在执行的游戏的信息。

14. 挑战：枚举。本章最后一个挑战要求扩展当前的倒计时器实现，将 3 秒倒计时更改为 5 秒，这要求在枚举中新增数字 4 和 5 这两个枚举项。还必须调整类的一些变量、它们的初始化以及 DrawScreen 方法的代码，以最终完成这一挑战。

现在，我们已经有一套像样的工具可供利用。不仅能用基本数据类型在 Java 中编写解决方案，还可以使用流程控制语句、强制类型转换和自定义数据类型。在后续各章，我们会研究 Java 所提供的一些更高级的功能，从而获得更多的经验和知识！

第 5 章

更多数据结构

欢迎来到第 5 章！在这一章中，我们将花更多的时间来探索 Java 编程语言提供的一些常用数据结构。下面简要描述本章要涉及的数据结构：

- 多维数组：和之前讨论的数组相似，只是有更多的维度，允许我们映射表格数据等
- 哈希：一种非常有用的数据结构，可以被认为是一个字典，用于存储键值（key/value）对。哈希由 Java 类 Hashtable 来实现，俗称为字典
- 栈：一种重要的数据结构，以后入先出的方式（想像一叠盘子）支持值的入栈和出栈操作。这是我们遇到的第一种能在访问时移除其元素的数据结构。它还有一个特性，即通过方法调用来返回元素
- 队列：和日常生活中的队列一样，以先入先出的方式实现值的入队和出队

☕ Java 编程说明

本书使用的所有数据结构要么是 Java 编程语言的核心功能，要么包含在 java.util 包中。在程序开头添加 import java.util.* 一行，以便在程序中使用这些类。

第 3 章讲过，数据结构是更高级的数据类型，可在其中容纳其他数据类型的元素。在一本编程语言的入门书中，一般不会讲到数据结构。但是，我觉得为了真正掌握 Java 编程，还是有必要对它们有一个初步的了解。我们已经有一些在 Java 中使用数组和列表的经验，所以我们将从多维数组开始讨论。你会发现其语法和用法都很熟悉。让我们试试吧！

5.1 多维数组

多维数组是由数组构成的数组。将 Java 的一维数组想象成电子表格中的一行。行中每一列都代表一个数组索引，并保存着某些数据。最简单的多维数组是二维数组，

它的两个维度就是整个电子表格的行和列。数组第一个索引指定行，第二个索引则指定列。

5.1.1　声明多维数组

通过之前对 Java 数组的描述，你应该对多维数组的声明有了一定的认识，清单 5-1 展示了如何声明一维、二维和三维数组。

清单 5-1　声明多维数组

```
01 int[] oneDimension = new int[10];
02 int[][] twoDimensions = new int[10][10];
03 int[][][] threeDimensions = new int[10][10][10];
```

来看看这个例子中发生了什么。第一行声明了一个一维数组，这你已经熟悉了。第二行声明了一个二维数组。注意，现在要用两个索引来定位一个元素，所以使用了两个方括号。三维数组以此类推。

☕ Java 编程说明

使用多维数组要小心，因为会很快消耗相当多的内存。例如，每一维都有 1000 个元素的三维数组总共有 10 亿个元素这绝不是一个小数目。

5.1.2　使用多维数组

现在，了解了如何声明多维数组之后，来看看获取和设置数组值的几个例子。

清单 5-2　多维数组用例 1

```
01 int[] dim1 = new int[10];
02 int[][] dim2 = new int[10][10];
03 int[][][] dim3 = new int[10][10][10];
04
05 // 设置一维数组的元素
06 dim1[0] = 10;
07
08 // 设置二维数组的元素
09 dim2[0] = new int[10];
10 dim2[0][0] = 11;
11
```

```
12 // 设置三维数组的元素
13 dim3[0] = new int[10];
14 dim3[0][0] = new int[10];
15 dim3[0][0][0] = 12;
```

我们花些时间来看看清单 5-2 中多维数组的取值 / 赋值代码。注意，随着数组维数的增加，有更多的初始化需要执行。必须显式初始化数组的每个维度，然后才能使用这些数组索引来获取或设置一个值。清单 5-3 展示了如何从一个多维数组中获取数值。

清单 5-3 多维数组用例 2

```
// 代码
01 int[] dim1 = new int[10];
02 int[][] dim2 = new int[10][10];
03 int[][][] dim3 = new int[10][10][10];
04
05 // 设置一维数组的元素
06 dim1[0] = 10;
07
08 // 设置二维数组的元素
09 dim2[0] = new int[10];
10 dim2[0][0] = 11;
11
12 // 设置三维数组的元素
13 dim3[0] = new int[10];
14 dim3[0][0] = new int[10];
15 dim3[0][0][0] = 12;
16
17 System.out.println("Dim1 Index: 0 Value: " + dim1[0]);
18 System.out.println("Dim2 Index: 0 Value: " + dim2[0]);
19 System.out.println("Dim2 Index: 0,0 Value: " + dim2[0][0]);
20 System.out.println("Dim3 Index: 0 Value: " + dim3[0]);
21 System.out.println("Dim3 Index: 0,0 Value: " + dim3[0][0]);
22 System.out.println("Dim3 Index: 0,0,0 Value: " + dim3[0][0][0]);

// 输出
Dim1 Index: 0 Value: 10
Dim2 Index: 0 Value: [I@50f8360d
```

```
Dim2 Index: 0,0 Value: 11
Dim3 Index: 0 Value: [[I@13c78c0b
Dim3 Index: 0,0 Value: [I@12843fce
Dim3 Index: 0,0,0 Value: 12
```

一个演示从不同维度的数组中获取数值的例子。

清单 5-3 在清单 5-2 的基础上增加了一些输出，这样就可以了解如何从多维数组中获取值。在 "输出" 部分显示了存储在指定索引处的值。但是，输出中那些像乱码的东西是什么？愿意冒险猜一下吗？好吧，为了回答这个问题，请回头看看初始化代码，看看为指定的数组索引赋了什么值。

如果你认为输出中那些看起来像乱码的值，例如 "[I@50f8360d"，是表示该索引处的数组值，那么就对了。那些是 Java 虚拟机代表内存位置的一种形式，它向我们表明，在该数组索引中存储的是某个对象。再来看看那些实际打印出一个值的数组索引。你能发现这两者之间的区别吗？在一种情况下，我们从一个存放着另外一个完整数组的数组索引中获取一个值。在另一种情况下，我们从一个指定了完整多维索引的数组元素中获取一个值，该元素具有指定的基本数据类型。

清单 5-4 演示了如何清除和删除一个多维数组。

清单 5-4　删除多维数组

```
01 int[] dim1 = new int[10];
02 int[][] dim2 = new int[10][10];
03 int[][][] dim3 = new int[10][10][10];
04
05 // 设置一维数组的元素
06 dim1[0] = 10;
07
08 // 设置二维数组的元素
09 dim2[0] = new int[10];
10 dim2[0][0] = 11;
11
12 // 设置三维数组的元素
13 dim3[0] = new int[10];
14 dim3[0][0] = new int[10];
15 dim3[0][0][0] = 12;
16
```

```
17 // 将一维数组的一个元素清零
18 dim1[0] = 0;
19
20 // 删除数组
21 dim1 = null;
22
23 // 将二维数组的一个元素清零
24 dim2[0][0] = 0;
25
26 // 删除指定索引处的数组
27 dim2[0] = null;
28
29 // 将三维数组的一个元素清零
30 dim3[0][0][0] = 0;
31
32 // 删除指定索引处的数组
33 dim3[0][0] = null;
34
35 // 删除指定索引处的数组
36 dim3[0] = null;
37
38 // 删除所有数组
39 dim1 = null;
40 dim2 = null;
41 dim3 = null;
```

　　只需要将数组变量设为 null，就能正确地删除一个数组。然而，如果使用的是一个对象数组（在这种情况下引用很重要），那么你可能想删除多维数组的个别部分。在清单 5-4 中，示例代码演示了如何删除一个多维数组的不同部分。

　　你可能已经注意到，为了清除多维数组的某一行或某一列而设为 null 的数组索引，正是我们当初初始化一个新的数组实例所需要的那些索引。多维数组是我们的编码工具箱中新增的一种强大的数据结构。我们将按照承诺继续讨论这个主题，并看看 Java 提供的另一个非常有用的数据结构：哈希表。

5.2　哈希

哈希处理（hashing）是用一个函数将哈希表（hash table）中的一个键（key）映射到一个值（value）的过程。哈希是一种重要的数据类型，其功能很像字典。下面具体说明一下。你能想到我们学过的一个几乎像字典一样的数据结构吗？想一想数组。你用什么来查找数组中的一个值？答案是用一个整数索引值来查找存储在该数组索引处的数据。这听起来有点像使用字典查找一个单词，只不过用的是数字而不是单词。事实证明，完全可以用一个数组来实现哈希，但这有点超出了本书的范围。Java 恰好有一个非常方便的哈希数据结构的实现，称为 Hashtable。

5.2.1　声明 Hashtable

哈希是一种强大的工具，值得添加到我们的编码工具箱中。前面已经简单介绍了哈希的概念，接着来看看如何在 Java 编程语言中使用它们，清单 5-5 展示了如何在 Java 中声明和实例化一个 Hashtable。

清单 5-5　声明 Hashtable

```
1 // 简单的声明，键和值的数据类型默认为 Object
2 Hashtable ht1 = new Hashtable();
3
4 // 高级 Hashtable 声明，显式指定键和值的数据类型为 Object
5 Hashtable<Object, Object> ht2 = new Hashtable<Object, Object>();
6
7 // 高级 Hashtable 声明，显式指定键和值的数据类型为 Integer，并短形式进行初始化
8 Hashtable<Integer, Integer> ht3 = new Hashtable<>();
```

这乍一看似乎有点复杂。来看看具体发生了什么。记住，这里讨论的数据结构比基本数据类型，甚至比我们之前讨论的一些数据结构更高级。定义一个 Hashtable 相当于要设置键和值之间的"映射"（mapping）。

这意味着给定某个键，可以查找和它对应的值。在这种情况下，键和值都有自己的数据类型。例如，可以用一个字符串来表示这两者，这使哈希表用起来就像是一个小字典。清单 5-6 演示了这个概念。

清单 5-6　Hashtable——键和值的数据类型都是 String

```
// 代码
1 String key = "Java";
2 String value = "Java is a computer programming language.";
3 Hashtable<String, String> ht = new Hashtable<>();
4
5 ht.put(key, value);
6 System.out.println("The value for key:"+ key+"is:'"+ht.get("Java")+"'");
```

```
// 输出
The value for key: Java is: 'Java is a computer programming language.'
```

注意，本例在声明 Hashtable 哈希表时，将键和值的数据类型都声明为基本数据类型 String，即 <String, String>。之前在讨论 ArrayList 时已经用过了这种尖括号。我们用尖括号来设置某些数据结构的内部数据类型。在本例中，我们用它们设置 Hashtable 的键值数据类型。

回头看看清单 5-5 的第 2 行。注意，那里没有为 Hashtable 的键和值指定数据类型。但不用担心，Java 为我们解决了这个问题，它将简单地使用一个默认数据类型，即 Object 数据类型。Object 是所有 Java 类（甚至那些你还没有创建的类）的父类。以后在讨论面向对象编程时，会进一步讨论 Object。

目前，请暂时把它们看成是你定义的某种具体对象的一个占位符。例如，完全可以具体地选择使用一个 String 对象，就像清单 5-6 所做的那样。在清单 5-5 的第 4 行中，我们显式声明了 Hashtable 的键和值的数据类型。但在那个例子中，我们声明的是和默认情况下一样的数据类型，即 Object。

接下来，在清单 5-5 的第 8 行，我们声明了另一个哈希表，它的键和值的基本数据类型是 integer，而不是 int（前者是后者的已装箱版本）。如果现在有些混乱，请不要担心。我们接下来将研究 Hashtable 的使用，这将有助于完善你对数据结构的理解。

5.2.2　使用 Hashtable

本节将使用新的编码工具 Hashtable，并研究它的一些用例，例如获取 / 设置值，以及清除和删除 Hashtable。让我们以清单 5-6 的例子为基础，将注意力集中在 Hashtable 本身的使用以及如何通过不同的方法来操作哈希表中的数据上。

上一节已经讲述了如何声明和初始化 Hashtable。接下来看看清单 5-7，了解如何在 Hashtable 中获取 / 设置值。

清单 5-7　Hashtable——获取和设置值

```
// 代码
01 // 准备
02 String key = "Java";
03 String value = "Java is a computer programming language.";
04 Hashtable<String, String> ht = new Hashtable<>();
05
06 // 设置
07 ht.put(key, value);
08 ht.put("JRE", "Java Runtime Environment");
09 ht.put("JDK", "Java Development Kit");
10
11 // 获取
12 System.out.println("The value for key: "+key+"is:'"+ht.get("Java")+"'");
13 System.out.println("The value for key: JRE is:'"+ht.get("JRE")+ "'");
14 key = "JDK";
15 System.out.println("The value for key: JDK is: '" + ht.get(key) + "'");

// 输出
The value for key: Java is: 'Java is a computer programming language.'
The value for key: JRE is: 'Java Runtime Environment'
The value for key: JDK is: 'Java Development Kit'
```

如第 7 行所示，使用 Hashtable 的 put 方法时，可以通过变量在 Hashtable 中新增一个键值对。而在第 8 行和第 9 行中，由于本例使用字符串作为键和值的数据类型，所以完全可以使用字符串常量来显式设置新增的键值对。

然后，在第 12 行～第 15 行中，我们使用 Hashtable 的 get 方法从数据结构中获取值，并将其附加到输出中。

接着，如清单 5-8 所示，让我们看看如何清除一个 Hashtable 的值。有几种方法都可以做到这一点。

清单 5-8　Hashtable——清除值（第 1 部分）

```
01 // 准备
02 String key = "Java";
```

```
03 String value = "Java is a computer programming language.";
04 Hashtable<String, String> ht = new Hashtable<>();
05
06 // 设置
07 ht.put(key, value);
08 ht.put("JRE", "Java Runtime Environment");
09 ht.put("JDK", "Java Development Kit");
10
11 // 显式移除所有条目
12 ht.remove(key);
13 ht.remove("JRE");
14 ht.remove("JDK");
15
16 // 隐式移除所有条目
17 ht.clear();
```

如本例所示，我们大多数时候都需要知道用来存储数据的键是什么。如果不知道具体的键，那么总是可以像第 17 行那样清除整个数据结构。但是，如果只是想删除一个特定的条目，而你没有它的键，那么怎么办？事实上，有一个巧妙的方法可以获得存储在 Hashtable 中的所有键，并将它们存储到一个 ArrayList 中（请参考第 3 章中对 ArrayList 的讨论）。接下来，清单 5-9 展示了这个方法。

清单 5-9　Hashtable——清除值（第 2 部分）

```
01 // 准备
02 String key = "Java";
03 String value = "Java is a computer programming language.";
04 Hashtable<String, String> ht = new Hashtable<>();
05
06 // 设置
07 ht.put(key, value);
08 ht.put("JRE", "Java Runtime Environment");
09 ht.put("JDK", "Java Development Kit");
10
11 ArrayList<String> keys = (ArrayList<String>)ht.keys();
12 for(String name : keys) {
13    ht.remove(name);
14 }
```

清单 5-9 的前几行代码与之前的清单相同。有区别的地方是从第 11 行开始的。注意，这里调用了 Hashtable 类的 keys 方法，它返回一个可以作为 ArrayList 的值。由于该哈希表的键的数据类型是 String，所以需要一个包含 String 的 ArrayList 来存储信息。

之前说过，声明列表时，我们在尖括号 <> 中指定其数据类型。这种列表可以保存来自哈希表的键。然后，我们可以遍历这些键并访问存储在哈希表中的每个值。记住，我们不需要知道哈希表里有什么。我们现在可以采取一种以数据驱动的方式来遍历整个哈希表，用 remove 方法移除每个条目（第 13 行）

对于更高级的数据结构，通常会有更多的内容需要讨论，哈希表也不例外。但是，对于我们的目的来说，你现在已经有了一个坚实的基础，为编码工具箱新增了一个强大的工具。下一节将讨论另一种有用的数据结构：栈。

5.3　栈

栈（stack）是另一种非常基本的数据结构，在编程中非常有用。许多情况和算法都需要用到栈。作为一种比较抽象的数据结构，它基于这样一个概念：入栈的最后一个项是出栈的第一项，这称为后入先出（Last-In，First Out，LIFO）。

之所以说这种数据结构比较抽象，原因是它可以很容易地使用我们之前讨论的其他一些数据结构来实现。例如，可以使用一个数组或列表来实现一个栈，这其实相当容易。在处理数据结构时，这一点要牢牢记住，因为它们的实现方式会对其性能产生多方面的影响。

🔍 游戏开发说明

不是所有数据结构都是一样的。对于检索、查找、排序等常见操作来说，它们的性能各异。应该针对实际情况选择一种最合适的数据结构。

下一节将讨论如何在 Java 中声明和初始化一个栈。这里不会去研究栈的底层实现，而只是学习和栈的使用有关的一些基本知识。

5.3.1　声明栈

作为一种成熟而完整的编程语言，Java 已经为我们提供了栈的一个实现：Stack 类。清单 5-10 演示了如何声明和初始化栈。

清单 5-10　声明栈

```
1 // 基本的栈声明，使用默认数据类型 Object
2 Stack stck1;
3
4 // 声明栈时将数据类型显式指定为 String
5 Stack<String> stck2;
6
7 // 显式指定为 Object 数据类型
8 Stack<Object> stck3;
```

可以看出，栈的声明和到目前为止所讨论的其他数据结构非常相似。清单 5-11 展示了如何以不同的方式对栈进行实例化。

清单 5-11　实例化栈

```
01 // 基本的栈声明，使用默认数据类型 Object
02 Stack stck1;
03 stck1 = new Stack();
04
05 // 声明栈时将数据类型显式指定为 String
06 Stack<String> stck2 = new Stack<String>();
07
08 // 显式指定为 Object 数据类型
09 Stack<Object> stck3;
10 stck3 = new Stack<>();
```

栈的声明与之前讨论的其他数据结构的声明非常相似。注意使用尖括号来指定栈的数据类型。在实例化栈类型的变量时，一个捷径是使用一对空的尖括号 <>，不必再重复数据类型。在 Java 中，在声明变量时指定数据类型就足够了，实例化时并不需要再次指定，如第 9 行 ~ 第 10 行所示。在知道了如何声明栈之后，接着来看看如何使用它们。

5.3.2　使用栈

如前所述，栈的特别之在于第一个入栈的项总是第一个出栈。清单 5-12 的代码展示了如何声明、实例化（用 new 关键字）并初始化了一个 Integer 类型的栈。

清单 5-12　初始化栈

```
01 // 准备
02 Stack<Integer> stck;
03 stck = new Stack<>();
04
05 // 初始化
06 stck.push(0); //int 自动装箱的例子
07 stck.push(new Integer(1));
08 stck.push(Integer.valueOf(2));
09 stck.push(3);
10 stck.push(4);
```

使用栈时，如果想在栈中添加一个新的数据项，就用 push 方法把它"压"入栈。注意，虽然栈被配置为容纳 Integer，但第 6 行直接使用了一个 int 类型的字面值 0。这是因为 Java 会自动将基本数据类型 int 转换为对象（装箱）形式，即 Integer。

这个栈在完成初始化后，在栈的以下位置有以下数据元素：

- 位置：4，值：0
- 位置：3，值：1
- 位置：2，值：2
- 位置：1，值：3
- 位置：0，值：4

这似乎有点违反直觉，因为我们先把值 0 添加到栈中。如果使用的是列表，那么列表的最后一个元素的值是 4（因为它最先添加），而不是 0。但这正是我们希望通过栈来获得的效果，即最后添加的值是第一个出来的值（后入先出）。

清单 5-13 演示了如何获取和设置栈中的数据项。请特别注意值的返回顺序。这里使用的是简单的、不断递增的值作为数据，以便你思考。

清单 5-13　栈——获取 / 设置值（第 1 部分）

```
// 代码
01 int val = 0;
02 stck.push(val);
03 System.out.println("Push #1 Value: " + val);
04
05 val = new Integer(1);
```

```
06 stck.push(val);
07 System.out.println("Push #2 Value: " + val);
08
09 val = Integer.valueOf(2);
10 stck.push(val);
11 System.out.println("Push #3 Value: " + val);
12
13 val = 3;
14 stck.push(val);
15 System.out.println("Push #4 Value: " + val);
16
17 val = 4;
18 stck.push(val);
19 System.out.println("Push #5 Value: " + val);
20
21 System.out.println("Pop #1 Value: " + stck.pop());
22 System.out.println("Pop #2 Value: " + stck.pop());
23 System.out.println("Pop #3 Value: " + stck.pop());
24 System.out.println("Pop #4 Value: " + stck.pop());
25 System.out.println("Pop #5 Value: " + stck.pop());

// 输出
Push #1 Value: 0
Push #2 Value: 1
Push #3 Value: 2
Push #4 Value: 3
Push #5 Value: 4
Pop #1 Value: 4
Pop #2 Value: 3
Pop #3 Value: 2
Pop #4 Value: 1
Pop #5 Value: 0
```

☕ Java 编程说明

虽然之前展示了多种方法在基本数据类型及其装箱版本之间转换（例如，将 int 装箱为 Integer，将 float 装箱为 Float，反方向则称为"拆箱"），但应该让 Java 自动进行这样的转换。大多数时候，Java 都能帮你做这件事。

看出代码的模式了吗？这种模式在编程中有很多用途，递归就是其中之一。记住，出栈（pop）和入栈（push）只能在栈的一端（称为栈顶或 top）进行，出栈一个值会将其从栈中移除。这和日常生活的一叠盘子没有区别，每次都是取走最上面的那个盘子，最先放入的盘子最后一个取走。清单 5-14 演示了如何利用栈的这个特点来反转入栈的一系列字母。

清单 5-14　栈——获取 / 设置值（第 2 部分）

```
01 Stack<Character> stck4 = new Stack<>();
02 char c = '!';
03
04 stck4.push(c);
05 System.out.println("Push #1 Value: " + c);
06
07 c = 'k';
08 stck4.push(c);
09 System.out.println("Push #2 Value: " + c);
10
11 c = 'c';
12 stck4.push(c);
13 System.out.println("Push #3 Value: " + c);
14
15 c = 'a';
16 stck4.push(c);
17 System.out.println("Push #4 Value: " + c);
18
19 c = 'B';
20 stck4.push(c);
21 System.out.println("Push #5 Value: " + c);
22
23 System.out.println("Pop #1 Value: " + stck4.pop());
24 System.out.println("Pop #2 Value: " + stck4.pop());
25 System.out.println("Pop #3 Value: " + stck4.pop());
26 System.out.println("Pop #4 Value: " + stck4.pop());
27 System.out.println("Pop #5 Value: " + stck4.pop());
```

// 输出

```
Push #1 Value: !
Push #2 Value: k
Push #3 Value: c
Push #4 Value: a
Push #5 Value: B
Pop #1 Value: B
Pop #2 Value: a
Pop #3 Value: c
Pop #4 Value: k
Pop #5 Value: !
```

在清单 5-14 中，我们可以看到 Stack 数据结构的一个简单和方便的应用。虽然写得不是很有趣，但它确实能实现一系列字母的反转（可以扩展为反转一个单词的内容）。记住，Stack 是后入先出的数据结构，所以按顺序入栈的 !kcaB 在出栈时就反转成了 Back!。栈在任何程序员的工具箱中都是一个重要的工具。虽然平时用得不多，但仍有必要熟悉它。下一节将探讨另一个重要的数据结构：队列。

5.4 队列

队列（queue）的许多方面都与栈相似。因此，这里不会对它们进行很详细的讨论。相反，我们只是简要说明栈和队列的区别，并用一个例子来加强理解。

队列与栈相似，只是它以"先入先出"（First In，First Out，FIFO）的方式工作，这和日常生活中的排队没有区别。和栈一样，队列也是一种抽象的数据结构，这意味着它们可用其他数据结构来实现。另外，我们也采取相似的交互方式，即调用一个方法向数据结构添加一个值（使用 add 方法在队尾插入数据，称为入队），并调用另一个方法从其中提取一个值（使用 poll 方法从队头取走数据，称为出队）。

不多说了，让我们用一个例子来加强理解，如清单 5-14 所示。

清单 5-15 队列——将清单 5-14 修改为队列

```
// 代码
01 LinkedList<Character> ll = new LinkedList<>();
02 char c = '!';
03
```

```
04 ll.add(c);
05 System.out.println("Add #1 Value: " + c);
06
07 c = 'k';
08 ll.add(c);
09 System.out.println("Add #2 Value: " + c);
10
11 c = 'c';
12 ll.add(c);
13 System.out.println("Add #3 Value: " + c);
14
15 c = 'a';
16 ll.add(c);
17 System.out.println("Add #4 Value: " + c);
18
19 c = 'B';
20 ll.add(c);
21 System.out.println("Add #5 Value: " + c);
22
23 System.out.println("Poll #1 Value: " + ll.poll());
24 System.out.println("Poll #2 Value: " + ll.poll());
25 System.out.println("Poll #3 Value: " + ll.poll());
26 System.out.println("Poll #4 Value: " + ll.poll());
27 System.out.println("Poll #5 Value: " + ll.poll());

// 输出
Add #1 Value: !
Add #2 Value: k
Add #3 Value: c
Add #4 Value: a
Add #5 Value: B
Poll #1 Value: !
Poll #2 Value: k
Poll #3 Value: c
Poll #4 Value: a
Poll #5 Value: B
```

比较这个清单和清单 5-14 的输出，你能看出先入后出和先入先出之间的区别吗？如清单 5-15 的输出所示，队列的行为很像在银行排队办事的人。排在第一位的人第一个离开队列并办事离开。还必须记住，在银行排队办事时，一旦有人办完事，他们就从队列中离开了。同样，将数据从队列中取走后（用 poll 方法），它就从队列中删除了。

至此，我们对 Java 数据结构的第二轮介绍就差不多结束了。最后，我想花些时间谈谈用来配置数据结构所使用的数据类型的那些尖括号。

5.5 参数化类型和数据结构

之前在讨论各种数据结构时，已经多次遇到了尖括号，即 <>。我们用它来指定一个数据结构实例在内部使用的数据类型。为什么需要这样做？好吧，让我们好好想想这个问题。

虽然目前还没有正式接触 Java 类，但之前已经有了一些接触。在 Java 编程语言中，Object 是 Java 其他所有类的超类。这意味着 Object 类是所有类中最泛化的，一个 Object 数据类型的变量可以存储一个 String、Integer、ArrayList 和其他任何类的实例。

这听起来很强大，但其实不太安全。这意味着，如果不为自己的数据结构指定某个具体的数据类型，而使用默认数据类型 Object，那么任何对象都能存储在该数据结构中。这不是好的编码范式。它很容易出错，因为你不知道要从数据结构中期待什么对象。

所以，如果使用 Object，那么就是程序员而不是编译器的责任来确保以一致的方式使用数据结构。我不知道你怎么想的，但我宁愿依靠编译器，即定义一个具体的数据类型来使用一个给定的数据结构。在这种情况下，编译器将确保没有另一种数据类型的变量被存储在该数据结构中，这让你少操心一件事情。

5.6 游戏编程挑战 6：栈

这个挑战比之前的要难一些，因为不仅要调整变量的数据类型，还要将 ArrayList 类的方法调用替换成 Stack 类的方法调用，从而重构其使用方式。另外必须注意到，遍历 Stack 并取出其中的元素会将元素从其中删除。

第 3 章和第 5 章的一些例子已经演示了这两种数据结构的用法，所以你已经有了完成这项挑战的工具。如果犯了难，请重新阅读挑战的说明和线索。

本挑战涉及以下两个包：

```
net.middlemind.MemoryMatch_Chapter5_Challenge1
net.middlemind.MemoryMatch_Chapter5_Challenge1_Solved
```

说明

找到包 net.middlemind.MemoryMatch_Chapter5_Challenge1，然后打开其中的 Screen Game.java 文件。用来追踪被点击的卡片的数据结构是一个 ArrayList。一些游戏程序员想看看用栈代替会是什么样子。请按要求重构 ScreenGame.java 类中的代码以使用栈。需要在整个文件的多个地方调整代码。用于跟踪被点击的卡片的变量是 clickedCards。

记住，调用 pop 方法后，存储在 Stack 中的值会被移除。这意味着，如果要多次遍历一个 Stack，那么必须跟踪出栈的值，并及时重新入栈。可将出栈的 MemoryItem 保存在另一个数据结构中，并使用 Stack 类的 addAll 方法使它们全部重新入栈。另外，必须运行这个包的 MemoryMatch.java 文件（右击并选择"Run File"）来测试游戏。祝您好运！

线索

有几种方法可以找到文件中所有需要调整的地方。一种方法是更改变量的数据类型，并寻找这个更改所引起的错误。也可以查找变量名，或者右击变量并选择"Find Usages"选项。必须将数据结构用于获取 / 设置值的方法从 ArrayList 的那些更改为 Stack 的那些。必须创建一个新的 Boolean 类字段来跟踪什么时候找到了一个匹配，这样就可以决定是否需要将出栈的元素再重新添加回去。

5.7　解决方案

这个挑战的解决方案相当简单，但需要在文件中查找，找到所有必须将 ArrayList 方法或构造函数修改为 Stack 类的同等方法或构造函数的位置。在解决方案包中，显示了需要修改的确切位置。

我们的想法是将以下方法调用：

```
clickedCards.add(itm);
clickedCards.get(i);
```

更改为以下形式：

```
clickedCards.push(itm);
clickedCards.pop();
```

还需要修改变量的声明和初始化，而且必须确保值在出栈后不会丢失。完成修改后，右键单击 MemoryMatch.java 文件并选择 Run File 来运行本地版本的包。应该看到游戏仍能正常运行，只是后台用 Stack 取代了 ArrayList 的功能，如图 5-1 所示。

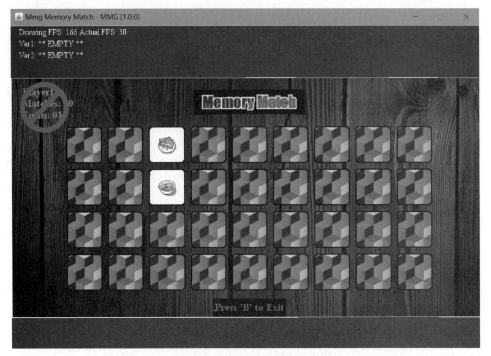

图 5-1　用栈来实现点击跟踪的 MemoryMatch 游戏

如果发现只有一张牌复位，那么需要检查 CheckForMatches 方法，确保将出栈的数据重新入栈（栈的名称是 clickedCards）。否则，MemoryItem 就会丢失，而且在没有找到匹配的情况下不能重置。这意味着还必须用一个类字段跟踪是否找到了匹配，并根据它来决定是否将数据重新入栈。

5.8　小结

一般来说，数据结构确实超出了编程语言入门课本的范畴。但是，我们通过和完整的游戏项目进行交互来来方便理解，对它们有了一个基本的认识。事实上，我们真的需要数据结构来构建像游戏这样的高级程序，我希望你在读完本书后能够开始构建一些简单的游戏。

在对数据结构世界的二度探索中，收获较大，简单总结如下。

1. 多维数组：我们理解了多维数组是"数组的数组"，甚至体会到了三维和更多维数组的内存消耗增长过快的问题。还接触了一些如何声明和使用这种数据结构的例子。

2. 哈希：哈希或者说哈希表是编程中最强大的工具之一，它允许你使用一个键而不是一个数组索引来快速查找数据。这种数据结构的一个用途是进行字典式的查询，根据其中一个键来返回对应的信息。

3. 栈和队列：这是一组非常重要的数据结构，也许不像我们讨论的其他一些数据结构那样常用。然而，它们在任何编程语言中都是非常重要的工具。同样地，我们接触了它们的基本用法和功能。

4. 参数化类型和数据结构：我们花了点时间解释了对不同数据结构及其内部数据类型的配置。

5. 挑战：栈。本章接受最困难的挑战之一，在 MemoryMatch 游戏的 ScreenGame.java 文件中重构了变量的实现。

遗憾的是，本书不会再讨论更多的数据结构了。不过，第 6 章将开始重点讨论循环，并学习如何以不同的方式来遍历数据结构中的元素。

第6章

循环和迭代

现在，我们已经配置好了自己的编码工具箱，所有强大的工具均已就位，其中包括数据结构。有一件事我们在一些代码清单中看过，但没有详述，那就是如何用一个循环来反复运行代码。

和流程控制相似，循环和迭代是许多 Java 程序不可或缺的。事实上，没有它们，我们就不可能真正开发出游戏。本章以后深入讨论游戏主循环时，还会进一步阐述这个问题。现在，让我们关注一下循环的基本知识。Java 编程语言为我们提供了三种不同的技术在程序中进行循环和迭代。

- for 循环：我们已经在之前的代码清单和编码挑战中看到过几次。
- for-each 循环：与 for 循环相似，遵循相同的逻辑，只是表达方式不同。
- do-while 循环：一种特别的循环结构，在某些情况下非常有用。

和循环密切相关的就是迭代和遍历，每次循环都是一次"循环迭代"或者简称"迭代"。用一个循环完成对一组数据的迭代称为"遍历"这组数据。在谈论 for-each 循环时，还会进一步探讨这方面的问题。事实上，Java 作为一种功能齐全、成熟的编程语言，还支持"接口"的概念。从名字就可以看出，接口提供了一种与某些东西交互的方式。在应用于数据结构时，我们可以定义一组方法来构成该数据结构的"接口"。然后，可以使用接口方法来遍历其中的数据。换言之，可以向数据结构询问一组数据中的下一个数据（如果还有的话）。下面，我们先看一下 Java 中的 for 循环。

6.1　for 循环

在我看来，for 循环是 Java 最重要的循环结构之一。对于大多数需要通过一个循环来重复执行代码的情况，它们往往是首选的解决方案。我们从基本的 for 循环开始。

6.1.1　基本 for 循环

for 循环有两个版本。本节介绍的是基本版本，它需要一些参数米约束循环。在你的程序中保持对循环的控制是非常重要的。for 循环本质上是比较安全的，但不小心仍有可能滥用它们，因为它们要求定义循环迭代的起点和终点。清单 6-1 展示了一个例子。

清单 6-1　基本 for 循环的例子

```
// 代码
1 for(int i = 0; i < 10; i++) {
2     System.out.print(i + ", ");
3 }


// 输出
0, 1, 2, 3, 4, 5, 6, 7, 8, 9,
```

在这个基本 for 循环的例子中，我们定义了内部循环变量 i、固定循环次数 10 和循环变量每次的增量（++ 代表递增 1）。注意，循环变量从 0 递增到 9，而不是从 1 递增到 10。

我们之前已经多次遇到过基本 for 循环，所以你对它应该比较熟悉了。让我们来分析本例实际发生了什么。for 循环头（圆括号内部的代码）包含三个控制部分，而大括号定义了循环主体。不同的控制部分以分号分隔。第一个控制部分初始化循环变量。注意，这里声明的变量只能在循环主体的范围内使用。换言之，不能在 for 循环外部使用。例如，清单 6-2 的代码会导致一个错误。

清单 6-2　使用超出范围的循环控制变量

```
1 for(int i = 0; i < 10; i++) {
2     System.out.print(i + ", ");
3 }
4 System.out.println("The last index of the loop was " + i + ".");
```

for 循环的第二个控制部分是测试条件，也就是导致循环停止的条件。不用说，这是循环声明中的一个重要部分。最后一部分是循环控制变量的递增 / 递减语句，它决定了在每次循环迭代后如何调整循环控制变量。

现在，你已经了解了 for 循环声明的各个部分。但要注意的是，虽然分号是必须的，但这些部分的内容并不是必须的。清单 6-3 对此进行了演示。

清单 6-3　空 for 循环的例子

```
1 for(; ;) {
2     System.out.print("Still running...");
3 }
```

运行清单 6-3 的 for 循环，你认为结果会是什么？如果你想到的是无限循环，那么就对了。这个循环将无限地运行，这可不是一件好事。我们在做游戏的时候喜欢对循环进行严格的控制。一般来说，在编写任何程序时，都不应该在设计上出现一个无限循环。你没有理由不包括一个退出条件，如清单 6-4 所示。

清单 6-4　带有退出条件的 for 循环的例子

```
1 boolean exit = false;
2 for(; exit == true;) {
3     System.out.print("Still running...");
4     // 最终能使 exit 变成 true 的代码
5 }
```

在继续讨论 for-each 循环之前，需要注意它的一些细微之处。请看清单 6-5 的示例代码。

清单 6-5　一组使用了不同技术的 for 循环

```
// 代码
01 System.out.print("Loop #1: ");
02 for (int h = 0; h < 10; h++) {
03     System.out.print(h + ", ");
04 }
05 System.out.println("");
06
07 System.out.print("Loop #2: ");
08 int i;
09 for (i = 0; i < 10; i++) {
10     System.out.print(i + ", ");
11 }
12 System.out.println("");
13
```

```
14 System.out.print("Loop #3: ");
15 int j = 0;
16 int len = 10;
17 for (; j < len; j++) {
18    System.out.print(j + ", ");
19 }
20 System.out.println("");
21
22 System.out.print("Loop #4: ");
23 int k = 0;
24 for (; k < len; k++) {
25    System.out.print(k + ", ");
26 }
27 System.out.println("");
28
29 System.out.print("Loop #5: ");
30 int l = 100;
31 int delta = 5;
32 for (; l > 0; l -= delta) {
33    System.out.print(l + ", ");
34 }
35 System.out.println("");

// 输出
Loop #1: 0, 1, 2, 3, 4, 5, 6, 7, 8, 9,
Loop #2: 0, 1, 2, 3, 4, 5, 6, 7, 8, 9,
Loop #3: 0, 1, 2, 3, 4, 5, 6, 7, 8, 9,
Loop #4: 0, 1, 2, 3, 4, 5, 6, 7, 8, 9,
Loop #5: 100, 95, 90, 85, 80, 75, 70, 65, 60, 55, 50, 45, 40, 35, 30, 25, 20, 15, 10, 5,
```

☕ Java 编程说明

一定要仔细检查循环的退出条件。它是一个常见的错误来源，可能导致程序崩溃或出现意外的行为。

花点时间检查一下这个代码清单。我们可以对 for 循环进行一些细微的调整。从第 1 行开始的 1 号循环（Loop #1）是普通的基本 for 循环。这里没有什么太有趣的事情发生。继续看 2 号循环，这个循环进行了一处细微的调整，将循环控制变量的声明移到了循环外部。该变量仍然在 for 循环的声明中初始化，但现在可以在循环结束后打印它的结束值。在游戏编程中，这一点经常会派上用场，所以要记住它。当然，在循环内部声明并初始化的变量在外部就不可用了。

从第 14 行开始的 3 号循环深化了这个概念。在这个例子中，我们在循环条件中使用了一个变量 len，而不是像以前的例子那样使用常量值。这非常有趣。事实上，我们很少会在循环中为条件使用常量值。更多的时候，我们希望循环由数据驱动，而使用变量就能实现这一点。

再来看 4 号循环，这个例子唯一有趣的地方是，循环控制变量是在循环外部声明并初始化的。在本例中，我们将整个语句都移到了循环外部。将循环控制变量的初始化移动到外部可能只是一个编码风格的问题。在功能上，这与在循环外声明但在循环声明中初始化没有什么不同。

最后是 5 号循环。实际上，在这个 for 循环中，有两样东西我们之前没有见过。你能发现它们吗？首先，我们在循环外部声明了 delta 变量，把它作为循环控制变量的递增 / 递减量来使用。这和数据驱动这些值的概念是一致的。其次，每次循环迭代都递减循环控制变量，而不是递增。不用说，基本 for 循环的实现有很多变体。但在大多数情况下，它们只是对最基本的 for 循环语句进行了轻微的调整。在下一节中，我们将讨论一种不同类型的 for 循环：for-each 循环。

6.1.2 for-each 循环

前面讨论了 for 循环，它是你的编码工具箱新增的一个强大工具。本节将讨论 for 循环的一个表亲：for-each 循环。在 Java 中，一种常见情况是遍历一个数据结构的所有内容。这在游戏中经常出现，例如为了检查游戏中各种物件的状态，例如是否发生了碰撞等。这在 Java 游戏编程中相当常见，所以先来看看如何使用基本 for 循环来遍历一个数组。

清单 6-6　用 for 循环遍历数组的例子

```
1 int[] ar1 = new int[] { 0,1,2,3,4,5 };
2 int len = ar1.length;
3 for(int i = 0; i < len; i++) {
4     int val = ar1[i];
5     System.out.println("Index: " + val);
```

```
6 }
```

虽然可以这样写，但不优雅。有几点需要注意。首先，在遍历数组的时候，我们使用循环控制变量来跟踪数组索引，每次迭代都提取相应索引处的值。注意，这里是将 len 变量的值设为数组长度，并在循环条件中使用。

🔍 游戏开发说明

遍历一个数据结构时，经常需要用一个长度（数据项的计数）来控制循环。某些时候，可以直接在 for 循环的声明中使用返回数据结构大小的一个方法调用。不过，在循环外部用一个局部变量来存储一次该值，可能比每次循环迭代都重复计算该值要高效得多。这在很大程度上取决于你使用的数据结构，但应该引起注意。

接着，让我们看看如何使用 for-each 循环来获得同样的效果。有些东西会让我们眼前一亮。

清单 6-7　用 for-each 循环遍历数组的例子

```
1 int[] ar1 = new int[] { 0,1,2,3,4,5 };
2 for(Integer val : ar1) {
3     System.out.println("Index: " + val);
4 }
```

注意，虽然这里使用的是整数数组，但数组中可以包含其他任何数据类型，例如 String、Object 或其他类。从表面上看，清单 6-7 似乎是基本 for 循环的一个比较干净的实现。但是，两者事实上有几个重要的区别。我们没有使用循环控制变量，也没有指定退出条件。我们直接使用 Enumeration 接口来遍历整个数组，从第一个元素到最后一个元素，所以不再需要直接控制循环遍历了。其他小的区别是使用 Integer 来代替了 int，并将用来保存每个数组元素的变量 val 的声明移到了循环声明中（圆括号中）。

你肯定会问，既然能用 for 循环做同样的事情，为何还需要专门设计一个 for-each 循环？嗯，for-each 循环当然有它的用武之地。在处理数据结构时，它们不仅显得更直观，而且因为不需要循环控制变量，所以更不容易犯错。不过，只有在需要对整个数据结构的内容进行遍历时，才能使用这种循环。无论如何，它们是你编码工具箱中的一个重要工具；在使用数据结构时要记住它们。

下一节，让我们来看看另一种非常重要和基本的循环：while 循环。

6.2　while 循环

我们要讨论的下一种类型的循环是 while 循环。while 是包括 Java 在内的许多语言的一种非常重要和基本的循环。另外，Java 游戏主循环使用的就是 while 循环，稍后将要深入讨论这方面的主题。

就声明的复杂性而言，while 循环比 for 循环要简单得多。只需要为循环的退出提供一个条件，再提供一个循环主体即可。下一节讲解基本 while 循环。

6.2.1　基本 while 循环

基本 while 循环比 for 循环的声明更简洁，但它们存在一些重要的区别。清单 6-8 重构了清单 6-1，使用 while 循环来遍历一个数组。

清单 6-8　基本 while 循环的例子

```
// 代码
1 int i = 0;
2 while(i < 10) {
3     System.out.print(i + ", ");
4     i++;
5 }


// 输出
0, 1, 2, 3, 4, 5, 6, 7, 8, 9,
```

你肯定会问，既然 while 循环能做 for 循环能做的事情，为何还要设计两种循环？虽然两者能自由切换，但是 for 循环更适合根据索引来遍历一组元素。while 循环虽然能做和 for 循环一样的任务，但更适合基于一个给定的状态重复运行代码，如代码清单 6-9 所示。

清单 6-9　基于条件的 while 循环的例子

```
1 while(gameIsRunning) {
2     // 将游戏代码放在这里
3 }
```

如果必须暂停一定的时间才能执行后续代码，那么 while 循环比 for 循环更好用，如清单 6-10 所示。

清单 6-10　用 while 循环强制暂停一段时间

```
1 long t = System.getCurrentTimeMillis();
2 long end = t + 2000; //2秒
3
4 //暂停2秒
5 while(t < end) {
6   t = System.getCurrentTimeMillis();
7 }
```

注意，这里使用 for 循环来表达等待两秒钟会显得十分奇怪。换成 while 循环则不一样，它能更简洁和直观地实现这个逻辑。

在继续讨论最著名的 while 循环——游戏主循环——之前，需要提醒你注意的是，while 循环有在程序中容易造成无限循环的坏名声。所以，一定要注意 while 循环条件的定义，仔细检查代码以避免造成无限循环。

☕ Java 编程说明

如果不确定 while 循环一开始就能正常工作，那么可以考虑在 while 循环主体中专门用 break 设置一条退出语句。为此，需要用一个变量来跟踪循环迭代，再用一个变量来指定最大迭代次数。然后，不依赖 while 循环的退出条件。相反，在 while 循环的末尾添加一个 if 语句，检查当前迭代次数是否超过了最大迭代次数。如果是，就用 break 语句退出循环。

这就是基本 while 循环的全部内容。它们很优雅，但有点危险，是我们的编码工具箱中的一个强大工具。下一节将讨论一种非常重要的 while 循环，即游戏主循环，以及它在视频游戏中的作用。

6.2.2　游戏主循环

从名字就知道，游戏主循环（main game loop）是运行视频游戏关键进程的一个主循环。几乎每个视频游戏都有一个主循环，所以如果不专门拿出来讨论，那就是我的失职。游戏主循环有几个不同的版本，下面一一列出了它们。在深入这个主题之前，我想要说的是，现在讨论它其实有点早了。不过，对我来说，对它的准确的解释比试图简化它更重要。进行游戏开发时，应该经常回来看看这个小节的内容。

- 隐式帧率：我知道这听起来很让人吃惊，但是当硬件的时钟频率被限制在 25 MHz 的时候，为什么还要添加额外的代码来控制帧率？在这种情况下，FPS 受硬件本身的限制。换言之，游戏能跑多快跑多块。

- 显式帧率：在这个版本的游戏主循环中，要跟踪当前帧的工作完成所需的时间。如果为每一帧分配的时间还有剩余，那么游戏就会等待，直到这个时间过去。通过等待，帧率被保持在目标 FPS 附近，而不是跑满硬件支持的最大 FPS。

- 独立于帧率：在这个版本的游戏主循环中，根本不需要强制帧率，没有隐式或显式的帧率。主循环和 FPS 无关，但你仍然可以控制游戏运行速度。我们不再关心隐式或隐式帧频，即每帧像素数。相反，我们以时间为上下文来设计主循环，即每秒像素数。为此，必须计算出当前帧的时间延迟，我稍后会告诉你如何做。很快就会有更多这方面的内容。

如果不谈论帧和帧率，我们就无法真正谈论游戏主循环。在视频游戏中，一帧是游戏循环的一次迭代。游戏主循环的主要职责如下。

- 更新：轮询硬件的输入状态，更新怪物 AI，更新怪物位置，等等。在更新步骤中，们处理游戏逻辑并赋予游戏生命。

- 绘制：有时也称为"渲染"。在绘制阶段，我们在屏幕上呈现出游戏的所有必要计算的结果。

清单 6-11 展示了用于驱动游戏引擎游戏主循环的实际代码，所有相关的游戏项目都会使用该主循环。虽然这里不会讲得很深，但你能发现更新和绘制工作是在哪里进行的吗？这里有一个提示：在代码清单中寻找这些词（update 和 draw），就能找到相关的方法调用。

清单 6-11　MmgGameApiJava 游戏引擎的游戏主循环：GamePanel 类

```
01 if (PAUSE == true || EXIT == true) {
02   //do nothing
03 } else {
04   UpdateGame();
05 }
06
07 //update graphics
08 bg = GetBuffer();
09 g = backgroundGraphics;
10
11 if (currentScreen == null || currentScreen.IsPaused() ==
```

```
        true || currentScreen.IsReady() == false) {
12    //do nothing
13  } else {
14    //clear background
15    g.setColor(Color.DARK_GRAY);
16    g.fillRect(0, 0, winWidth, winHeight);
17
18    //draw border
19    g.setColor(Color.WHITE);
20    g.drawRect(MmgScreenData.GetGameLeft() - 1, MmgScreenData.GetGameTop() - 1,
          MmgScreenData.GetGameWidth() + 1, MmgScreenData.GetGameHeight() + 1);
21
22    g.setColor(Color.BLACK);
23    g.fillRect(MmgScreenData.GetGameLeft(), MmgScreenData.GetGameTop(),
          MmgScreenData.GetGameWidth(), MmgScreenData.GetGameHeight());
24
25    p.SetGraphics(g);
26    p.SetAdvRenderHints();
27    currentScreen.MmgDraw(p);
28
29    if (MmgHelper.LOGGING == true) {
30      tmpF = g.getFont();
31      g.setFont(debugFont);
32      g.setColor(debugColor);
33      g.drawString(GamePanel.FPS, 15, 15);
34      g.drawString("Var1: " + GamePanel.VAR1, 15, 35);
35      g.drawString("Var2: " + GamePanel.VAR2, 15, 55);
36      g.setFont(tmpF);
37    }
38  }
```

先从最基本的游戏主循环开始，它使用了隐式帧率，即帧率只受硬件的限制。

清单 6-12　控制循环时间和帧率

```
1 while (RunFrameRate.RUNNING == true) {
2   if (RunFrameRate.PAUSE == false) {
3     Update();
4     Redraw();
```

```
5    }
6 }
```

如你所见,在游戏主循环最基本的形式中,我们没有做任何工作来控制循环的执行速度。相反,直接让它以最快的速度运行。这个版本的游戏主循环并不像后面两种实现方式那样有用,但它确实应该在我们的名单上占有一席之地。曾几何时,计算机资源非常稀少,使用你所拥有的一切才能勉强完成工作,这当然要物尽其用了。

基于帧的概念并加以扩展,我们就有了 FPS(每秒帧数)的概念。它是指游戏或游戏引擎在一秒钟内能完成多少帧。如果完成一帧所需要的时间小于 1 秒,那么使用秒并不是很有效,所以这里将引入毫秒的概念。在几乎所有情况下,对于较小的 2D 游戏,毫秒就足以作为时间测量指标。如清单 6-13 所示,让我们看一下每帧毫秒(ms per frame)的计算公式。

清单6-13　计算每帧的毫秒数

```
1 long msPerSec = 1000;
2 long targetFrames = 30;
3 long msPerFrame = msPerSec/targetFrames;
```

在这个计算每帧毫秒的例子中,我们的目标帧率为 30 FPS,要计算的是每帧所需的毫秒数。

清单 6-13 展示的简单计算方法在处理那些期望有明确的帧率并使用"每帧像素"模型的游戏时非常有用。在这个模型中,你移动对象并执行更新,预期游戏每秒将运行一个设定的帧数。使用这种方法,你可以控制自己的游戏在不同硬件上的表现,并确保用户体验的一致性。

让我猜猜,你现在想知道如何控制游戏循环的计时。让我告诉本书配套的视频游戏是如何做的。由于它们都在相同的 Java 游戏引擎上运行,所以它们的主要游戏循环都使用相同的低级库代码。这听起来很隐晦,但游戏主循环有时是你使用的游戏引擎的一部分,并不直接由你控制。

尽管如此,还是应该对 Java 编程,特别是游戏编程有足够的熟练程度,可以运用全部三种游戏主循环类型。如清单 6-14 所示,现在来看看如何控制游戏循环的速度。

清单6-14　控制循环时间和帧率

```
01 while (RunFrameRate.RUNNING == true) {
```

```
02      frameStart = System.currentTimeMillis();
03
04      if (RunFrameRate.PAUSE == false) {
05         mf.Redraw();
06      }
07
08      frameStop = System.currentTimeMillis();
09      frameTime = (frameStop - frameStart) + 1;
10      aFps = (1000 / frameTime);
11
12      frameTimeDiff = tFrameTime - frameTime;
13      if (frameTimeDiff > 0) {
14         try {
15            Thread.sleep((int) frameTimeDiff);
16         } catch (Exception e) {
17            MmgHelper.wrErr(e);
18         }
19      }
20
21      frameStop = System.currentTimeMillis();
22      frameTime = (frameStop - frameStart) + 1;
23      rFps = (1000 / frameTime);
24      mf.SetFrameRate(aFps, rFps);
25 }
```

清单 6-14 有一些微妙之处需要注意。首先看看第 1 行的 while 循环；注意该循环的条件。这是游戏的主循环，所以它被设计为在游戏结束时退出。接下来在第 2 行，我们捕获了帧的开始时间（ms），即 frameStart。在第 8 行，我们捕捉帧的停止时间（ms），即 frameStop。第 4 行～第 6 行负责更新和重绘当前屏幕，如果游戏没有暂停的话。

第 9 行计算处理该帧的总时间。核心值递增 1，以防止得到容易出问题的 0 值。为了确定当前帧的实际每秒帧数，第 10 行用 1000ms 除以帧的时间。timeFrameDiff 变量存储了每一帧的分配时间和实际时间之间的差异。如果这个值大于零，那么表明我们多出了一些额外的时间。

为了消磨这个多余的时间，我们让当前线程休眠额外的时间（第 15 行）。最后的计算是在消磨了多余时间后确定实际帧率。实际帧率（actual frame rate）是基于让游戏尽可能快地运行，而真实帧率（real frame rate）衡量的是游戏试图保持的帧率。最后，第 24 行为当前程序更新帧率值。每次运行本书的一个游戏项目时，都会看到这些值。从这个例子的游戏主循环可以看出，这种方法试图通过控制每一帧在单位毫秒内的工作量来控制游戏的性能。通过控制每秒帧数，我们可以控制游戏的速度。

这就是之前提到的"每帧像素"方法。如果放弃控制游戏帧率的想法，那么会发生什么？好吧，这可能是一个坏主意，因为这样一来，游戏就会在不同的硬件上会有不同的表现，而不再始终如一。让我们想个办法来计算一下，在不限制循环的执行时间的情况下，在当前帧时间和上一帧时间之间经过了 1 秒的多少比例，如清单 6-15 所示。

清单 6-15　计算帧与帧之间的延时

```
float deltaTime = (frameStart - lastFrameStart) / 1000.0f;
```

延时（delta time）或时间的变化是指这一帧的开始与上一帧的开始在时间上的差异。从本质上讲，我们捕捉的是完成一次更新所需的时间，并将其除以 1000ms（1 秒）。这给了我们一个小的系数，代表一秒钟的一小部分。我们在这里不是在控制帧率。游戏可以想跑多快就跑多快。这将导致一个非常小的 deltaTime。这个计算很简单，但是断章取义地看它对我们来说并没有什么好处。如清单 6-16 所示：让我们看一下完整的实现。

清单 6-16　独立于帧率的游戏主循环

```
1 while (RunFrameRate.RUNNING == true) {
2     frameStart = System.currentTimeMillis();
3
4     float deltaTime = (frameStart - lastFrameStart) / 1000.0f;
5     lastFrameStart = System.currentTimeMillis();
6
7     Update(deltaTime);
8     Draw(deltaTime);
9 }
```

以独立于帧率的方式实现游戏主循环时，需要持续使用 deltaTime 系数来同步计时和运动。

🔍 **游戏开发说明**

如果真的没有必要，在游戏主循环中声明一个变量可能不是一个好主意。我们在清单中留下了这个声明，以强调 deltaTime 是一个 float 变量的事实。

在完整版的独立于帧率的游戏主循环中，注意计时值的设置与更新时完成的工作量有关。在这种情况下，我们把更新和绘制方法都包括在计时计算中。这应该会导致(frameStart-lastFrameStart) 这个值是一个很小的数字，只有几毫秒。用一个小的数字除以 1000.0ms 会得到一个更小的数字，而这就是我们现在必须应用于当前帧的所有运动、动画和计时值的延时值。基本上，任何每秒钟改变一定量的东西现在都只改变与一秒钟的一小部分相关的量。

前面所做的是改变游戏主循环的运行方式，以便在每个游戏帧中根据上一帧的处理时间进行小幅调整。这要求所有更新逻辑基于时间而不是基于帧。如清单 6-17 所示，我们来看看两者有什么差别。注意 deltaTime 系数的运用。

清单 6-17　基于帧和基于时间的物体运动

```
// 基于帧
int targetFPS = 60;
int movementPerSecond = 600; //600 像素
int movementPerFrame = movementPerSecond/targetFPS;
enemy1.moveXY(movementPerFrame);

// 基于时间
movementPerFrame = (int)(movementPerSecond * deltaTime);
enemy2.moveXY(movementPerFrame);
```

这样便完成了我们对游戏主循环的讨论。我希望你觉得这很有趣，它还很好地运用了我们学到的 while 循环知识。在下一节，我们将解释虽然较少使用，但仍然很重要的 do-while 循环，从而结束我们对 Java 编程语言的循环主题的讨论。

6.3　do-while 循环

在 Java 编程语言中，我们要讨论的最后一种循环结构有点特殊：do-while。这种循环并不像 for 和 while 循环那样常用，因为它有一个非常特别的地方，这使它只在少数情况下才有用。这个特点就是，do-while 循环总是至少执行一次。它和之前讨论的 while 循环非常相似，所以这里只进行简单的说明。

基本 do-while 循环

清单 6-18 演示了基本 do-while 循环的语法。

清单 6-18　do-while 游戏主循环的例子

```
// 基本 do-while 循环
do {
    // 每一帧需要做的工作
} while (RunFrameRate.RUNNING == true);
```

虽然我自己不会使用这种循环，但有时需要让游戏主循环至少执行一次，所以使用 do-while 循环来作为游戏主循环或许并不疯狂？不，还是很疯狂。请坚持使用 while 循环。真的不要琢磨其他东西了。记住，do-while 循环唯一的区别就是在检查循环继续条件之前执行一次。除此之外，它和 while 循环无异。

6.4　break 和 continue

谈到循环，就不能不谈到 break 和 continue 语句。它们分别用于明确退出一个循环，或者跳到循环的下一次迭代（如果条件为真的话）。用一个例子来说明更容易理解，如清单 6-19 所示。

清单 6-19　用 break 和 continue 控制循环

```
01 // 含有循环控制的基本 while 循环
02 while (RunFrameRate.RUNNING == true) {
03     if (PAUSE == true) {
04         continue;
05     } else {
06         UpdateGame();
07         DrawGame();
08     }
09
10     if(EXIT == true) {
11         break;
```

```
12     }
13 }
```

如这个例子所示，可以使用 break 和 continue 语句来控制 while 循环的行为方式。在本例中，如果布尔值 PAUSE 被设为 true，我们就用 continue 语句跳到循环的下一次迭代。类似地，break 语句用于在布尔值 EXIT 被设为 true 时彻底退出循环。

可以通过一些变量和略微不同的循环主体结构来实现同样的行为。使用这些语句的好处在于，它们可以快速和直观地控制你的循环。需要跳过一次循环迭代或者彻底退出一个循环时，请记住使用这些语句。但也不要滥用。和其他所有东西一样，使用需适度。

6.5　游戏编程挑战 7：for-each 循环

在本章唯一的编码挑战中，你必须依靠新获得的知识和编码工具来完成挑战。仔细研究一下挑战说明和线索。如果在使用 for-each 循环时遇到任何问题，请复习一下之前讲述的内容。祝你好运！

下面是这个挑战涉及到的包：

net.middlemind.PongClone_Chapter6_Challenge1 net.middlemind.PongClone_Chapter6_Challenge1_Solved

说明

一位资深程序员注意到在 MmgDraw 方法中使用了一个基本的 for 循环。他想重构这个方法的代码来使用 for-each 循环。如果操作正确，游戏应该可以正常运行，不会出现错误。为了测试游戏，必须运行这个包的 MemoryMatch.java 文件，右键单击并选择 Run File。

线索

前面说过，for-each 循环与 for 循环相似，只是它声明了自己的临时变量来代表数据结构中的每一项。试着将新的 for-each 循环的声明写在现有循环的正上方或正下方，这样可以在编码时对两者进行比较。作为一个额外的提示，书中的一个代码清单演示了将 for 循环转换为 for-each 循环的过程。

6.6　解决方案

为了解决这个挑战，需要在 MmgDraw 方法中进行修改，需要执行一次标准的从 for 到 for-each 的转换。期间要留意布尔标志被正确设置。这就是它的全部内容。解决这个挑战时，请慢慢来。和往常一样，为了测试自己的工作，需要运行本地版本的游戏 static main，即 MemoryMatch.java。如果转换了循环，但牌没有翻转过来，请检查是否在 MmgDraw 方法中正确设置了 flipped 字段。

在成功完成编码挑战后，请花点时间玩一下游戏。确保游戏的功能符合预期。

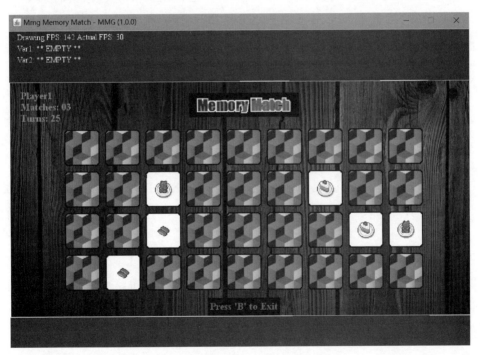

图 6-1　在 MmgDraw 方法中用重构的 for 循环玩 Memory Match（猜词）游戏

6.7　小结

事实上，关于循环，我们还有相当多的内容可以讨论。例如，为什么能用 for-each 来遍历几乎所有数据结构？虽然已经就这个问题进行了简单的说明，但限制篇幅，本书实在无法更深入了。

现在，让我们来看看本章主要讨论的内容。在探索 Java 编程语言的循环和迭代的过程中，我们讲述了 Java 的全部三种标准的循环机制：for 循环、while 循环和 do-while 循环。我们强调了在游戏开发中最著名的一种循环：游戏主循环。我们甚至深入了游戏主循环的三种最常见的实现。本章涉及以下主题。

1. 基本 for 循环：我们讨论了如何声明基本 for 循环，以及在循环内部和外部声明循环控制变量的区别。

2. 基本 for-each 循环：for-each 循环是 for 循环的一种特殊形式，主要用于遍历一个数据结构中的所有元素。我们重构了一些早期的代码以使用新的循环结构，从中可以看到 for-each 循环是多么简洁和直观。

3. 基本 while 循环：我们使用了基本的 while 循环，研究了它们与 for 循环的区别，并指出在某些情况下需要使用 while 循环而不是 for 循环。

4. 游戏主循环：我们讨论了三种最常见的游戏主循环类型：隐式帧率、显式帧率和独立于帧率。

5. do-while 循环：虽然许多人可能认为它是一种过时的语言特性，但如果碰巧需要一个循环至少迭代一次，就需要用到它了。

6. break 语句和 continue 语句。如果不讨论 break 语句和 continue 语句，任何关于循环的讨论都是不完整的。我们简要说明了两者的区别，并举例说明了它们的用途。

现在，我们已经完成了对循环的讨论，并为我们的编码工具箱添加了一套全新的工具，我们已经准备好学习 Java 编程语言的一个更高级的方面：面向对象编程。通过之前的学习，我们在面向对象编程方面其实已经有了相当多的经验和坚实的基础；把它看成是工具箱中的又一个利器，享受吧！

第 7 章

对象、类和 OOP

通过前几章的学习，你已经积累了相当多使用 Java 编程语言的经验。现在，让我们开始接触更高级的主题：面向对象编程（Object-Oriented Programming，OOP）。Java 天生就是一种面向对象的编程语言。无论你是否意识到这一点，之前其实一直在使用类和 OOP，尤其是在接触到数据结构的时候。

如果觉得这个主题过于高深，那么上述事实应该可以让你感到放心。现在，让我们来看看 OOP 的一个简单的例子。首先，要在一个同名 Java 类文件中定义类。例如，我们可以创建一个管理太空飞船的新类，并相类文件命名为 SpaceShip.java。以下代码以最简单的方式使用该类：

```
SpaceShip testShip = new SpaceShip();
```

这就是它的全部内容。在最基本的层面上，类是一种让你对某些东西进行建模的方式。我们如何在计算机上建模？答案是收集并跟踪数据。有时，这些数据是一个实际看起来像宇宙飞船的图像；有时，它只是描述宇宙飞船属性的数字；有时，它两者都是。

这里的主要启示是，为了在程序中使用你定义的类，需要用 new 关键字对它进行"实例化"。注意，所有这些类都是 Java 超类 Object 的子类。现在，想想我们一起讨论过的所有不同的数据结构。以前说过，要在尖括号中定义数据结构的内部数据类型。用 SpaceShip 类来举例，让我们看看如何在一个数据结构中包含这种类型的元素（该类的对象）：

```
// 来自 java.util 包的 ArrayList 类
ArrayList<SpaceShip> enemyShips = new ArrayList<>();
```

这很有意思。将我们的自定义类与 Java 自带的类一起使用，我们可以创建新的组合，帮助我们对各种不同的问题进行建模。例如，在前面显示的代码片断中，我们可以找到一种方法来追踪正在开发的新的 2D 太空射击游戏中当前关卡的敌舰。现在，你已经基本了解了什么是类以及它在 Java 程序中的用途，接着看看如何在 Java 中正确定义一个类。

7.1　类

为了开始我们关于 Java 类的讨论，先来看一下 Java 文档中关于类的定义 [①]：

"类是一个蓝图或原型，对象从这个蓝图或原型中创建。"

这个定义很有趣。首先，它暗示了这样一个概念：我们定义的类是用来创建一些东西的，即对象。本书之前已经谈论过一些对象，但从现在开始，请把它们看成是一个类的实例。另外还要记住，一个类在某个地方必然有一个对应的文件，而且与类同名，文件扩展名则为 .java。这就是 Java 编程语言中类的一般性质。让我们再更多地了解一下它们，并开始定义我们自己的类。一般来说，Java 类的定义可包含以下几种信息：

- 访问修饰符：类可以显式声明为 public 或 private，或者使用默认访问修饰符。
- class 关键字：用这个关键字来创建一个类。
- 类名：类名应以字母开头，Java 类通常首字母大写。
- 超类（可选）：如果有的话，请指定类的父类（超类）的名称，前面加上关键字 extends。一个类（子类）只能扩展一个父类。这称为单继承，即一个子类只能从一个父类继承。
- 接口（可选）：一个以逗号分隔的列表，列出了该类所实现的接口（如果有的话），前面加上关键字 implements。一个类可以实现一个以上的接口。例子可以参考之前提到的 Enumerable 接口。
- 主体：类的主体由大括号 {} 包围。我们在其中定义类的成员，包括字段、方法和构造函数等。

下面具体讨论一下如何声明类。下一章则将重点放在类的扩展和接口上。现在，让我们专注于访问修饰符和基本的类声明。我们将展示几个标准版本的类声明，并解释它们的区别。

清单 7-1　简单类声明的例子

```
01 package org.learn_java.classes;
02
03 //class #1, public 访问
04 public class SimpleClassPublic { ... }
05
```

[①]　https://docs.oracle.com/javase/tutorial/java/concepts/index.html

```
06 //class #2, 默认访问
07 class SimpleClassDefault { ... }
08
09 //class #3, 报错, 顶级类不允许 protected 访问
10 protected class SimpleClassProtected { ... }
11
12 //class #4, 报错, 顶级类不允许 private 访问
13 private class SimpleClassPrivate { ... }
```

清单 7-1 是一些简单的类声明的例子。前两个是有效的声明，因为它们指定了默认或 public 访问权限。后面两个无效，编译器会报错，因为它们使用了访问修饰符 protected 和 private。如果在顶级类声明中使用这些访问修饰符，Java 是不喜欢的。下面总结了可以在顶级类声明中使用的修饰符：

- public：该类可由其他任何类访问

- 默认：什么访问修饰符都不写就是默认。这种类只能被同一个包中的类访问。包是类的一种组织方式。一般来说，相关的类都从属于同一个包

默认访问修饰符也被称为"包 - 私有"，这意味着所有成员在同一个包内可见，但在其他包中不可见，无法访问。

现在，我们已经知道了如何以最基本的形式声明一个类，接着看看如何对类进行自定义。一般来说，类是对一样东西进行建模的手段。所以，需要某种方式将某些数据与类的一个实例联系起来。类的字段就是这个目的而设计的。

7.1.1　字段

在 Java 中，字段（fields）是某种数据类型的变量，与一个类相关联。有的时候，也用特性（attribute）一词来称呼它们，但这个称呼通常是专门为 public 类字段保留的。一个简单的演示将有助于你进一步理解类的字段。让我们把第 4 章的一个代码清单带回来，这是一个基本的 Java 类的例子。

清单 7-2　基本 Java 类的例子——原清单 4-19

```
1 public class GameData {
2     public State gameState = State.NONE;
3     public int numberOfPlayers = 1;
4     public boolean gameOver = false;
```

```
5    public String playerName = "AAA";
6 }
7
8 public GameData gameMetaData;
9 gameMetaData = new GameData();
```

这是一个自定义 Java 类的例子。注意，它使用字段来保存与类相关的数据。

在清单 7-2 中，GameData 类有 4 个不同数据类型的字段。所有字段都有 public 访问修饰符，所以它们可由其他任何类访问。在 Java 中，所有代码在某种程度上都包含在一个类中，所以所有的访问控制都是基于类的。在我们讨论可以为类使用的其他访问修饰符之前，先来看看如何使用类的字段。在下一个清单中，我将调整类及字段的访问修饰符。看看你是否能弄清楚声明各种访问级别。

清单 7-3　使用了不同访问修饰符的基本 Java 类

```
1 class GameData {
2    State gameState = State.NONE;
3    public int numberOfPlayers = 1;
4    protected boolean gameOver = false;
5    private String playerName = "AAA";
6 }
7
8 public GameData gameMetaData = new GameData();
```

清单 7-3 为 GameData 类使用了默认访问修饰符。这是对清单 7-2 的轻微调整，后者使用的是 public 访问修饰符。同样，类的字段也被更新为分别使用默认、public、protected 和 private 访问修饰符。当然，可以把它们都设为 public，将具体如何使用的责任留给程序员，让他们去确保类字段被正确使用。

这是另一个将责任留给开发者的例子，而这些责任本可由 Java 编译器来管理。例如，既然可以在类的定义中强制用法，为什么还要去担心类成员的正确和一致性的使用？例如，我们都知道玩家的名字是神圣的。在游戏中，一旦玩家的名字被设定，就不希望它改变。

为了强制这一点，我们在第 5 行为 playerName 变量使用了 private 访问修饰符。现在，这个变量在初始化后就不能被其他任何不相关的代码更改。它是私有的，所以只能由 GameData 类本身使用某个成员方法来更改。第 4 行的 protected 访问修饰符也值得一提，这种字段只能由以下代码访问：

- 当前类的任何代码
- 与当前类处于同一个包中的其它类
- 当前类的子类，即这个类的任何扩展类，无论包是什么

记住，包是 Java 用于组织类的方式。为了声明一个类属于哪个包，只需在类的 .java 文件的顶部添加下面这行代码：

```
package org.learn_java.classes;
```

这意味着可以在局部于 Java 项目源代码目录的以下目录结构中找到该 Java 类的源文件。包和文件的位置是关联在一起的。在试图跟踪项目中的类时，请牢记这一点。

```
./src
  -> org
    -> learn_java
      -> classes
        -> GameData.java
```

☕ Java 编程说明

不是所有 Java IDE 都使用相同的项目结构。花些时间了解一下 Java IDE 所创建的项目的结构，理解包和 Java 类文件的相对位置。

针对自己的程序，要想好使用访问符。你能想象在什么情况下需要限制对包中的类的访问吗？答案没有对错，只是不同情况要进行不同的分析。再来看看第 3 行的下一个变量 numberOfPlayers。该变量使用了一个 public 访问修饰符，表明它能从其他任何类中访问，如清单 7-4 所示。

清单 7-4　访问一个基本 Java 类的公共字段

```
// 代码
1 public GameData gameMetaData = new GameData();
2 System.out.println("Number of Players: " + gameMetaData.numberOfPlayers);

// 输出
1 Number of Players: 1
```

访问公有字段时，只需要指定类的实例，本例是 gameMetaData，然后使用点操作符 . 来指定想要访问的公有字段。

🔍 游戏开发说明

开发 Java 游戏时，使用带有公共字段的简单类是十分常见的的。如果需要限制对一个字段的值的更改，才需要开始担心对字段访问进行控制的问题。然后，可以定义方法与字段的交互，并在需要时重构现有的代码。

如你所见，public 访问修饰符非常好用，它提供了对类的变量的无限制访问。在大多数情况下，如果不确定真正需要什么访问权限，可以先用 public 访问修饰符试试。使用这种类型的字段来引用一个值是非常容易的，如清单 7-4 的第 2 行所示。最后，我们要讨论没有提供任何访问修饰符的情况，这称为使用"默认"访问修饰符。这种字段可由以下代码访问：

- 当前类的任何代码
- 与当前类处于同一个包中的其它类

这似乎与 protected 访问修饰符没有太大区别，只是它不允许子类访问（子类是指对当前类进行扩展的类），除非它们在同一个包中。

类的字段是一种强大的工具，可以添加到你的编码工具箱中。现在，你不仅能创建支持跟踪某些数据的类，还能通过使用 Java 的访问修饰符控制对这些数据的访问。下一节将讨论类的另一种非常重要的成员，即类的方法。

7.1.2　方法

方法是另一种类型的类成员，意味着它们总是在类定义的范围内定义。Java 中的方法类似于其他编程语言（例如 C 和 C++）中的函数。它们是一些代码块，只有在被调用时才会运行。它们可以接收参数，还可以返回一个值。

到目前为止，我一直避免讨论作用域（scope）的概念。这是一个较为高级的编程概念，与语言本身关系不大，而与语言元素的结构关系更大。Java 中的所有变量都有一个作用域。即该变量有效且可访问的一个或多个代码块。

Java 中的字段和其他变量一样有自己的作用域。取决于访问修饰符，不仅可以从类外访问它们，还可以在类内的方法中访问。这允许你创建可重用的代码块，这些代码块与类的字段以及传递给方法的任何参数一起工作。如有必要，还可以返回一个值。

事实上，方法可以不接受参数，也不返回数据。让我们通过几个方法声明的例子来进一步讨论。如清单 7-5 所示，我们将继续使用之前两个清单中虚构的 GameData 类。

清单 7-5　不同的类方法声明

```
01 class GameData {
02    public enum State {
03       NONE,
04       GAME_ON,
05       GAME_OFF
06    }
07
08    State gameState = State.NONE;
09    public int numberOfPlayers = 1;
10    protected boolean gameOver = false;
11    private String playerName = "AAA";
12
13    State getGameState() {
14       return this.gameState;
15    }
16
17    void setGameState(State newState) {
18       this.gameState = newState;
19    }
20
21    public int getNumberOfPlayers() {
22       return numberOfPlayers;
23    }
24
25    public void setNumberOfPlayers(int p) {
26       numberOfPlayers = p;
27    }
28
29    protected boolean getGameOver() {
30       return gameOver;
31    }
32
33    protected Boolean getGameOver2() {
```

```
34        return gameOver;
35    }
36
37    public void setGameOver(boolean b) {
38        gameOver = b;
39    }
40
41    public void setGameOver2(Boolean b) {
42        gameOver = b;
43    }
44
45    public String getPlayerName() {
46        return this.internalGetPlayerName();
47    }
48
49    public void setPlayerName(String pName) {
50        this.internalSetPlayerName(pName);
51    }
52
53    private String internalGetPlayerName() {
54        return this.playerName;
55    }
56
57    private void internalSetPlayerName(String pName) {
58        this.playerName = pName;
59    }
60 }
```

这是虚构的 GameData 类的一个完整定义，其中包括 State 枚举、各种字段以及类的各种 get/set 方法。

仔细看一下这个清单，了解在哪里使用了哪个访问修饰符。下面，我们将详细介绍这个类和它的每个方法。首先注意类本身的访问修饰符，这里使用的是默认访问修饰符，即不添加任何访问修饰符。这意味着该类是"包 - 私有"的。第 2 行声明了 **public** State 枚举。之前在讲解数据类型时，我们指出枚举是一种自定义数据类型，专门用于容纳一系列唯一的值（例如春夏秋冬，或者周一到周日）。

本例的枚举有一个非常简单的实现，只包含三个值：NONE、GAME_ON 和 GAME_OFF。第 8 行～第 11 行声明了类的成员变量，注意它们都被显式赋予了默认值。如果不显式赋值，Java 将根据数据类型提供一个默认值。类的第一个成员方法是从第 13 行开始的。它使用默认访问修饰符，不需要任何参数。该方法使用的命名惯例表明它是一个 get（取值）方法。

在 Java 中，使用 get/set 方法开放对 protected 类字段的访问是一种惯例。这给你带来了集中化的好处，可以通过它的 get 和 set 方法轻松地追踪、跟踪和调试对一个字段的访问。第 13 行开始的方法返回类的 gameState 变量的值。下一个方法是第 17 行开始的 set 方法，我们通过它来设置 gameState 变量的值。这个成员方法也使用了默认访问修饰符，而且不返回任何值。

为了表示一个方法不返回值，我们使用 void 关键字来代替要返回的数据类型。在这两个方法中，隐藏着一个微妙的 Java 新特性。你能发现它吗？请注意 gameState 变量以及它在每个方法主体中是如何被引用的。这里的关键字 this 引用了类的当前实例。在写代码的时候，实际的类实例还不存在。但是，当这个类在 Java 程序中被使用时，this 关键字将解析为该类的当前实例。

在类的方法中使用 this 关键字是很常见的，因为它可以直观地指出哪些变量实际上是类的字段。再来看看下一对方法，即第 21 行～第 27 行的 numberOfPlayers 变量的 get 和 set 方法。这两个方法以略有不同的方式声明，它们都被显式设为 public，而且在引用变量时不使用 this 关键字。

如果你现在还没有猜到，类的方法可以有和类的字段一样的访问修饰符。getNumberOfPlayers 方法和 setNumberOfPlayers 方法是 public 的，所以任何类都能访问它们。我们接下来要看的两个方法是同一个方法的略微不同的版本，但它们的区别很重要。你能发现这个微妙的区别吗？如果你要说的是使用 Boolean 数据类型而不是 boolean，那么就对了。

这个例子证明，在基本数据类型和它们对应的装箱类型之间，Java 能自动进行"装箱"和"拆箱"操作。Java 编程语言的许多东西都是联系在一起的，或者存在一些有趣的小重叠。无论 getGameOver 还是 getGameOver2 方法都使用了 protected 访问修饰符，并指定了 boolean 返回类型。

花点时间看看 setGameOver 和 setGameOver2 方法。注意，方法参数同样存在使用 Boolean 型和 boolean 数据类型的细微区别。

最后两个方法比较特殊。第 11 行的 playerName 变量是私有的，所以它不能在当前类的外部访问。在这种情况下，我们创建了一对公共方法 get 和 set 来处理对私有类字段的访问。

注意，这些方法使用一对私有的、内部的类方法（即 internalGetPlayerName 和 internalSetPlayerName）来完成对私有类字段的访问和更新。这是一个使用私有方法来控制对某些类功能的访问的例子，因此属于类的"封装"范畴。

到此为止，我们已经完成了对清单 7-5 的讨论。但除此之外，还有相当多的内容需要讨论。让我们看看 GameData 类的另外几个方法，它们展示了关于类方法的一些新概念，如清单 7-6 所示。

清单 7-6　更多的方法声明——GameData 类

```
// 代码
01 public void setAll(State state, int playerCount,
        boolean gameOverFlag, String name) {
02    gameState = state;
03    numberOfPlayers = playerCount;
04    gameOver = gameOverFlag;
05    playerName = name;
06 }
07
08 public void testVariableScope() {
09    int numberOfPlayers = 2;
10    System.out.println("Local variable number of players: " + numberOfPlayers);
11    System.out.println("Class field number of players: " + this.numberOfPlayers);
12 }
13
14 // 使用 vararg 方法参数功能的例子
15 public void setAll(Object ... objs) {
16    if(objs.length >= 4) {
17       gameState = (State)objs[0];
18       numberOfPlayers = (Integer)objs[1];
19       gameOver = (Boolean)objs[2];
20       playerName = (String)objs[3];
21    } else {
22       System.err.println("Incorrect number of parameters found!");
```

```
23    }
24 }
```

// 输出
Local variable number of players: 2
Class field number of players: 1

清单 7-6 展示了声明类方法时的一些微妙细节。在第 1 行，setAll 方法接收了许多不同数据类型的参数，并使用它们来初始化类的字段。接着，在第 8 行，testVariableScope 方法声明了一个和类的成员字段同名的局部变量。我们说这个局部变量"隐藏了"类的成员字段。

在这种情况下，引用变量时若没有附加 this 前缀，引用的就是局部变量；否则引用的是类的成员字段。这个方法和它的输出演示了一个局部方法变量如何"隐藏"一个类字段。在继续下一步的学习之前，请务必搞懂它的输出。清单 7-6 的最后一个方法（从第 15 行开始）演示了 Java 编程语言很少用到的一个语言特性：可变实参（vararg）。

如果在方法参数后面添加一个省略号 ...，那么相当于告诉 Java 编译器，该参数将作为给定数据类型的数组传入，本例是一个 Object 数组。注意我们是如何检查数组实参的长度的，如果在传入的数组中存在足够的元素，我们就用这些元素来设置类字段。虽然这是 Java 编程语言的一个强大特性，在某些时候非常好用（例如在检测命令行参数的时候），但你目前应该不会经常用到。

但是，所有这些类成员都需要一个有效的类的实例来使用。我们如何创建类的所有实例都能共享的成员呢？

这时，static 关键字就派上用场了。

7.1.3　静态成员

我们之前为 Java 类定义的都是非静态成员。换言之，它们在类的每个实例中都有自己的拷贝，所以必须在类的实例上访问。相应地，类还支持定义静态成员，它在整个类中只有唯一的拷贝，可以直接在类上访问。例如，假定有一个 Math 类，它定义了一个名为 PI 的成员，值为 3.14159265。由于 PI 值对于所有 Math 实例都是一成不变的，所以可以把它定义成静态成员，访问它只需写 Math.PI 即可。

清单 7-7 快速回顾了类的声明和实例化的概念，并演示了静态类成员的重要性。

清单 7-7　声明和实例化类的实例

```
01 GameData gameData1;// 声明
02 gameData1 = new GameData();// 初始化
03 gameData1.setAll(State.NONE, 0, true, "");
04
05 GameData gameData2 = new GameData();// 初始化
06 gameData2.setAll(State.NONE, 0, true, "");
07
08 GameData gameData3;// 未实例化
09 gameData3.setAll(State.NONE, 0, true, "");// 错误，该类的对象没有用 new 实例化
10
11 // 设置静态类字段
12 GameData.MAX_NUM_PLAYERS = 2;
13
14 // 调用类的静态方法
15 GameData.SetMaxNumPlayers(2);
```

在这个演示了声明、初始化和实例化类的例子中，注意在使用静态类成员时，我们不需要声明、初始化或实例化一个类的对象。

在清单 7-7 中，我们演示了三个使用类的实例方法（非静态成员）的例子，然后演示了两个使用类的静态成员的例子。在第 1 行~第 3 行，我们声明并初始化了 gameData1 变量（GameData 的对象）。一旦类的实例（即对象）就绪，就可以用一些参数调用它的 setAll 方法。第 5 行和第 6 行以相似的方法实例化了一个对象，只是代码要更简洁一些，第 5 行将对象的声明和实例化合并成一行，第 6 行还是调用 setAll 方法来初始化该对象。在这两种情况下，我们只有在类的对象被正确声明并用 new 实例化之后才能调用 setAll 方法，因为该方法是类的实例（非静态）方法，只能在类的实例上调用。第 8 行和第 9 行是一个错误示范，证明不能在未实例化的对象上调用 setAll 方法。

现在，我们到了真正有趣的部分。第 12 行设置了类的一个静态字段。它们与到目前为止见过的类字段非常相似，只是这种字段在类中定义时使用了 static 前缀。static 关键字使一个字段成为类本身的成员，而不是类的实例的成员。这意味着什么呢？嗯，这意味着可以直接访问这个字段，而不需要先实例化一个对象。

如第 12 行所示，我们设置类的一个静态字段，但没有使用一个变量（类的实例）；我们没有声明或实例化任何对象。在这种情况下，我们直接使用类本身的名称。类的

静态字段属于类，可以通过类本身的名字来访问。和类的字段相似，类的方法也可以定义为静态。它们共同构成了 Java 编程语言所支持的一对静态类成员（静态成员字段和静态成员方法）。

清单 7-7 的第 15 行演示了对类的静态方法的调用。一般来说，静态字段和方法应该大写，以表明它们与普通字段和方法不同，但这只是一个惯例。不过我建议坚持这样做；这会使代码更直观。

我们已经看到了如何使用静态类成员，以及它们与到目前为止所用的普通类成员有什么不同，但还没有看到具体如何声明它们。下面，让我们看看如何在虚构的 GameData 类中定义一些静态成员，如清单 7-8 所示。

清单 7-8　在 GameData 类中定义静态类成员

```
1 class GameData {
2    public static int MAX_NUM_PLAYERS = 5;
3    public static void SetMaxNumPlayers(int i) {
4       GameData.MAX_NUM_PLAYERS = i;
5    }
6
7    ...
8 }
```

在这个例子中，我们在 GameData 类中新增了一个静态类字段和一个静态类方法。注意，为了节省篇幅，我们省略了 GameData 类的其余部分。

☕ Java 编程说明

一个好的实践是，不仅要为类的静态字段使用大写名称，还应该把它们放在类定义的开始处。对于静态方法，虽然使用大写方法名也很常见，但没有那么强的优先级。至于静态方法的位置，也没有一成不变的规矩。但是，我喜欢把它们集中在一起，并放在类主体的开头附近。

静态类成员、字段和方法与普通类的字段和方法非常相似，因此，可以使用一套相同的访问修饰符。唯一要注意的是类的静态方法的使用。我们不能在这种方法中直接访问类的其他字段或方法，除非它们也是静态的。

这意味着如果访问一个静态方法，那么这个静态方法只能访问其他静态方法和字段，因为它与类本身相关，而不是与类的实例相关。下面用一个简单的例子来进一步讨论这个问题。

清单 7-9 使用类的静态方法

```
1 public static void SetMaxNumPlayers(int i) {
2     this.numberOfPlayers = i; // 不正确
3     GameData.MAX_NUM_PLAYERS = i; // 正确
4 }
```

这个清单包含一个错误。不能直接访问类的非静态字段 numberOfPlayers，因为在调用这个静态方法时，还不存在类的实例。

类的静态成员是你的编码工具箱中的一个重要工具。在设置与类本身而非实例相关的信息时，它们能派上大用场。

7.1.4 构造函数

到此为止，我们已经学习了非常基本的类初始化。简单地说，就声明并实例化类的一个对象，然后直接设置类的字段或者使用类的方法来设置。虽然在初始化类的实例时，这确实是一种直接和直观的方式，但有时可能会变得非常麻烦。想象一下，如果要对包含 10 或 20 个字段的对象进行初始化，那么需要做多少工作？

我们可以通过几种不同的方式来完成这个任务。一个方式是将类的每个字段显式设为所需的值。另一种方式是调用某个初始化方法，而且这个方法与之前在处理虚构的 GameData 类时试验过的 setAll 方法不一样。让我们进一步地探讨一下这个思路。开发者调用一个特定的方法就能完成一个类的正确初始化，这听起来非常合理。

事实上，像 setAll 这样的方法是将责任推给了开发人员，由他们来负责每个类成员字段的初始化。但是，这个工作的大多数部分完全可以交由 Java 来完成。下面，让我们来看看我们其实一直在使用、但一直没有用好的一个 Java 编程语言特性：类构造函数。清单 7-10 展示了一个例子。

清单 7-10 使用类的构造函数进行初始化的例子

```
1 GameData gameData1 = new GameData();
2 gameData1.setAll(State.NONE, 0, true, "");
3
4 GameData gameData2 = new GameData(State.NONE, 0, true, "");
```

在这个代码清单中，我们用两种方式对 GameData 类的对象进行初始化。在一种情况下（第 1 行和第 2 行），我们要求开发人员知道他们必须使用 setAll 方法，

以及何时使用。在第二个例子中（第 4 行），我们使用一个自定义的构造函数来为
GameData 类的实例 gameData2 设置所需的数据。后面这种方法的好处在于，它更直观，
对如何配置类的特殊知识要求较低。作为开发人员，需要事先为类定义一个构造函数，
它用于在实例化类的对象时候完成对它的初始化。清单 7-11 展示了如何为类定义构造
函数。

清单 7-11　使用默认与自定义类构造函数的例子

```
// 定义类
01 class SimpleClass1 {
02    public int simpleField1;
03 }
04
05 class SimpleClass2 {
06    public int simpleField1;
07    public boolean simpleField2;
08
09    public SimpleClass2() {
10       simpleField1 = 0;
11       simpleField2 = false;
12    }
13
14    public SimpleClass2(int i, boolean b) {
15       simpleField1 = i;
16       simpleField2 = b;
17    }
18 }

// 使用类
19 // 默认构造函数是系统自带的
20 SimpleClass1 simp1 = new SimpleClass1();
21
22 // 显式声明的简单构造函数
23 SimpleClass2 simp2 = new SimpleClass2();
```

清单 7-11 定义了两个简单类。第一个类只有一个字段，没有用户自定义的构造
函数。创建这个类的实例时，第 20 行其实调用了类的默认构造函数。记住，默认构

造函数是指"无参"构造函数，例如 SimpleClass1()。如果没有显式声明一个默认构造函数，那么 Java 会自动提供一个。但是，如果我们自定义了一个构造函数又会怎样呢？在从第 5 行开始的第二个类定义（SimpleClass2）中，我们定义了两个构造函数。

第一个构造函数就是我们显式定义的默认（无参）构造函数。只要决定创建一个自定义构造函数，就必须再显式提供一个默认构造函数。这是因为只要在类中存在自定义构造函数，Java 就不会再自动提供一个默认构造函数。在这种情况下，你必须自己显式地创建一个，如第 9 行～第 12 行所示。另外，第 14 行～第 17 行就是我们的自定义构造函数。

现在就可以使用 SimpleClass2 的自定义构造函数，以参数形式为类的字段提供值。当然，也可以在实例化不提供任何参数，从而调用我们显式创建的默认构造函数，即执行第 10 行和第 11 行的初始化。记住，可以为一个类创建任意数量的自定义构造函数，只要参数数量不同即可。但是，不要过度使用这种能力，否则类的实例化机制最终会非常混乱。

最后要提醒你注意的是，构造函数的名称必须和类名保持一致。

下面，让我们开始一次编程挑战，以巩固到目前为止所学到的知识。

7.2　游戏编程挑战 8：MmgBmp 类

在这个编程挑战中，我们将运用新学得的 Java 类知识，并更多地了解本书所用的游戏引擎以及如何在游戏中绘制图像。

2D 游戏引擎的核心之一是在屏幕上绘制图像的能力。我们的游戏引擎使用 MmgBmp 类来处理这项任务。在这个挑战中，我们将对这个类有更多的了解，并实际体验它的工作情况。通过完成这个挑战，我们将复习所学到的类定义和面向对象编程知识。尽情享受吧！

本挑战涉及的包如下：

net.middlemind.MemoryMatch_Chapter7_Challenge1

net.middlemind.MemoryMatch_Chapter7_Challenge1_Solved

说明

找 到 包 net.middlemind.MemoryMatch_Chapter7_Challenge1，然 后 打 开 其 中 的

ScreenGame.java 文件。这个挑战要求在视频游戏中添加一个图像，在屏幕的某个位置显示，并且只在某些游戏状态下显示。你可以提供自己的图像，也可以自带的一个图像。这个游戏项目自带的图像存储在以下文件夹中：

.\MemoryMatch\cfg\drawable\MemoryMatch

可以使用自己的 png 或 jpg 图片。如果自己提供图片，请将大小控制在 200×200 像素左右。将图片文件复制并粘贴到上述目录，并记住文件名。如果没有自己的图片，就从目录中挑选一张现成的，并记住名称。

定位到 LoadResources 方法，找到使用其中一个初始化方法将自己的图像加载到 MmgBmp 类的一个字段中的示例代码。将你自己的图像变量 myImg 添加到类中，并在 LoadResources 方法的底部附近初始化它。还需要用 SetPosition 方法来设置图像的位置，并将图像添加到类中的一个容器 MmgContainer 中，这样才能正确配置它以进行显示。完成了这个挑战后，会对 MmgBmp 类和它的一些字段和方法有更深的理解。

为了显示新图像，必须在针对 SHOW_GAME 游戏状态的 SetState 方法中添加代码。看看该方法中的代码，特别注意如何根据当前游戏状态显示和隐藏图像。将你的新图像添加到其中，并遵循现有代码所设定的先例。最后，不用的资源需要清理。找到 UnloadResources 方法，确保通过将 myImg 字段设为 null 来清理你的资源。

注意，为了测试游戏，必须运行这个包的 MemoryMatch.java 文件，右键单击它并从弹出的快捷菜单中选择 Run File。

线索

如果遇到了麻烦，请稍事休息，花点时间理清思路。寻找 MmgBmp 数据类型一个现有的的类字段，并跟踪它在这个编程挑战所列出的方法中是如何使用的。除了在加载图像时使用你自己选择的文件名，其他逻辑都是一样的。

7.3 解决方案

解决方案要求在 ScreenGame.java 类的 5 个地方添加代码，而且可能需要在项目中添加一幅新图像。这是迄今为止最复杂的解决方案，它要求你了解所涉及的类字段和方法。更重要的是，它能让你获得更多使用 MmgBmp 类的经验。需要添加新代码的位置如下所示。

1. 类头：在当前类字段列表的底部，必须添加一个新的 MmgBmp 类型的类字段 myImg。

2. LoadResources 方法：在 LoadResources 方法的底部，必须添加一个新的代码块。这段代码可基于方法中现有的图像加载代码进行修改，从而加载你所选择的图像，并将其存储到 myImg 字段中。

3. 定位和容器：必须使用 SetPosition 方法为图像设置一个位置，而且图像必须添加到类中的某个 MmgContainer 容器字段中。可以尝试使用不同的容器，看看它对图像的可见性有什么影响。

4. SetState 方法：要在这个方法中做两个调整。一个是在方法的开头，在清理 SHOW_GAME 状态的时候。第二个调整是在方法靠下的地方，在改变为 SHOW_GAME 状态时使图像可见。

5. UnloadResources 方法：要做的最后一个更改是在这个方法中将 myImg 字段设为 null，以此来清理不再需要的资源。

虽然这一系列修改看起来任务很重，但只要搞清楚了思路，实际上是很容易实现的。除此之外，还有许多现有的示例代码可以作为你修改代码的基础。这个编程挑战的最终结果应该是在游戏屏幕上显示你所选择的一幅图像。这里会接触到相当多的知识点，还有相当大的灵活性，所以还是有一些意思的。

如图 7-1 所示，本例选取了作者的一张照片作为自定义图像在游戏中显示。

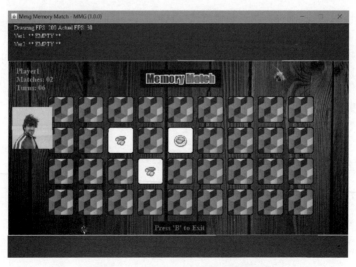

图 7-1　在游戏中显示自定义图像

7.4 游戏编程挑战 9：ScreenGame 类

为了使用游戏引擎制作自己的游戏，你需要了解如何加载图像资源。我们之前已经涵盖了这一点。除此之外，还需要了解如何制作动画以及如何响应用户的输入。为此，我们将使用 ScreenGame 类来完成这个编程挑战。

这个挑战以上一个挑战为基础。所以，请确保你已成功地完成了上一个挑战。现在已经在游戏屏幕上添加了一幅新图像，现在要为它添加一些控制手段。

下面是本挑战所涉及的包：

net.middlemind.MemoryMatch_Chapter7_Challenge2 net.middlemind.MemoryMatch_Chapter7_Challenge2_Solved

说明

找 到 包 net.middlemind.MemoryMatch_Chapter7_Challenge2，然后打开其中的 ScreenGame.java 文件。我们将实验动画，根据用户的输入来移动图像。选择 4 个游戏中没有用到的键盘按键。其中两个用于切换新图像的可见性。另外两个将用于左右移动图像。

为了处理用户输入，需要在以下方法中检查按键：

- ProcessKeyPress
- ProcessKeyRelease

我们使用 MmgBmp 类的 GetPosition 和 SetPosition 方法来控制图像的位置。还需要使用 GetIsVisible 和 SetIsVisible 方法来控制图像的可见性。基于在之前的挑战中使用 MmgBmp 类的经验，你现在应该对键盘方法和 MmgBmp 类的方法很熟悉了。

线索

可以依赖于 ProcessKeyPress 和 ProcessKeyRelease 方法中现有的代码来理解如何支持你所选择的 4 个键盘按键。可以研究 MmgBmp 类的方法在 ScreenGame 类的其他部分的使用情况来搞清楚如何使用这些方法。可以在代码中执行文本查找，了解如何使用类的这些方法。如有必要，可以添加更多的类字段，以帮助管理图像的移动和定位。

7.5   解决方案

这个编程挑战的一个简单解决方案只需要对键盘输入处理程序（ProcessKeyPress 和 ProcessKeyRelease 方法）做一下调整。如果向左移动的键（本例使用的是 L 键）被按下，图像的 X 位置就递减 1。如果向右移动的键（本例使用的是 R 键）被按下，X 位置则递增 1。如果愿意，可以使用 if 语句来检查图像是否跑出了视觉边界。另外，确保在松开一个按键时停止移动。

这应该可以解决编程挑战的第一部分。下一部分要求根据按下的目标键使图像可见或不可见。在这种情况下，我们要检查按键是否被释放，然后用一个布尔值调用图像的 SetIsVisible 方法来显示或隐藏图像。在本例中，我们按 H 键隐藏图像，按 J 键显示。

在下一节中，我们将讨论关于 Java 类的一些更高级的主题。

7.6   类的高级主题

类是我们编码工具箱中一个极其强大和重要的新工具。现在，我们已经可以创建各种形式的类，并在游戏和其他 Java 程序中使用。接下来，我想谈一谈面向对象编程（OOP）的几个高级主题。接下来的几节将讨论类的访问、设计和 static main 入口点。

7.6.1   访问

这里所说的“访问”是指为类使用的访问修饰符。在我看来，刚开始学着开发自己的软件时，使用 public 或默认修饰符（即不添加任何修饰符）是没有问题的。随着软件日益成熟，你会遇到类的某些方面需要受保护（protected）或者私有（private）的情况。

不用担心，随时都可以重构之前的代码，通过在类设计中使用更恰当的访问修饰符来收紧设计。下一节将进一步探讨这个概念，讨论关于类设计的几个要点。

7.6.2   类的设计

类的设计是指如何搭建类的结构。使用类的什么字段，定义什么方法，等等。一般来说，类的设计应保持简单，并在需要的时候增加复杂性。例如，如果在操作类时经常都会用到同样的几行代码，就应该考虑把它移到类的一个方法中。

同样，类所支持的功能不要过火。例如，如果你以类的成员方法的形式添加新功能，那么应该问问自己，这些代码是否真的应该属于给定的类，是应该由你的类负责，还是由另一个类负责。结果可能是需要一个新的类来处理你实现的功能。

7.6.3　static main 入口点

我们已经讲了很多关于 Java 类的主题，但一直没有讲到如何实际执行一个 Java 程序。为此，至少要有一个类包含了签名符合要求的 static main 方法。让我们看一下 static main 方法的签名：

```
public static main(String[] args) { ... }
```

本书每个视频游戏项目中，static main 入口所在的 .java 文件（静态主文件）与项目本身同名。每个编程挑战的游戏副本同样如此。在 NetBeans IDE 中构建一个项目时，可以为它配置一个包含 static main 的默认类，在执行时运行该文件。

为了设置这个值，请在 NetBeans IDE 中右击 Java 项目，从上下文菜单中选择 Properties。在弹出窗口中，从左侧选择 Run，如图 7-2 所示。

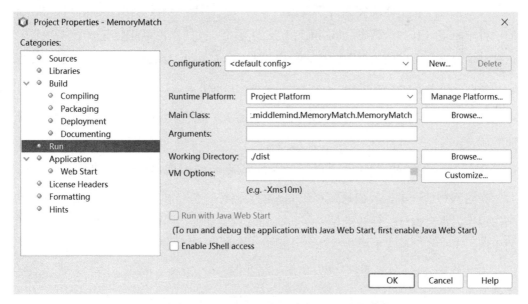

图 7-2　在 NetBeans IDE 中配置项目的运行设置

设置好目标静态主类（Main Class），并 build 好项目后，可以在命令行上执行以下命令来运行它。在 Windows 上，可以在"命令提示符"容器执行这些命令。在 Mac

或 Linux 上，则可以使用一个终端窗口。在网上搜索一下为自己的操作系统启动正确控制台的步骤。

```
java -jar MemoryMatch.jar
```

通常，新创建的 JAR 文件位于项目根目录的 dist 文件夹中。这是运行上述控制台命令的最佳位置。在进入下一节并开始一个新的代码挑战之前，我想列出一个非常简单的类，它有一个 static main 方法，如清单 7-12 所示。

清单 7-12　一个含有 static main 方法的基本 Java 类

```
01 public class SimpleExecutableClass {
02     public int myField = 0;
03
04     public static main(String[] args) {
05     System.out.println("The SimpleExecutableClass has received " +
           args.length + " arguments.");
06     }
07 }
```

可以把这个例子作为将来打算编写的任何可执行类的模板。在大多数情况下，你的项目中应该只有一个带有 static main 方法的类。但是，偶尔也可能会有一个以上的类。在这种情况下，可以使用以下命令来指定想要运行的 static main 方法。

```
java -cp MemoryMatch.jar com.test.project.newExecClass
```

如果要测试 Memory Match 游戏的主可执行文件的一个新副本，那么必须执行下面的命令：

```
java -cp MemoryMatch.jar net.middlemind.MemoryMatch.MemoryMatch2
```

在这两种情况下，我们通过提供完整的类路径、包名和类名作为 -cp 命令的实参来指定作为主可执行文件的类。记住类在 Java 中是如何组织的，并思考一下包在这里的作用。下一章讨论库的时候，包就会派上大用场。

下一节将尝试另一个编程挑战，并在此过程中探索 static main 入口点、项目设置和资源。

7.7 游戏编程挑战 10：Dungeon Trap 的静态主入口点

在本章的第三个也是最后一个挑战中，我们将练习一下 Memory Match 游戏的静态主入口点。我们将进一步了解如何配置项目及其资源，并创建一个有两个静态主入口点的项目，从而获得更多运行可执行类的经验。

下面是本挑战所涉及的包：

net.middlemind.MemoryMatch_Chapter7_Challenge3 net.middlemind.MemoryMatch_Chapter7_Challenge3_Solved

说明

找到包 net.middlemind.MemoryMatch_Chapter7_Challenge3，然后打开 Memory Match.java 文件。项目的一些图形艺术家想用 Memory Match 游戏尝试一套新的图形资产，但又不想浪费开发人员太多的时间。你的挑战是创建 MemoryMatch.java 静态主类的一个副本，更改它使用的游戏引擎配置文件。把它指向新文件：

engine_config_mmg_memory_match_test.xml

这样就能将游戏连接到存储在以下目录中的一组新资源：

.\MemoryMatch\cfg\drawable\MemoryMatchTest

需要更改项目设置以使用新的静态主文件，在测试时直接运行特定的文件，或者使用正确的控制台命令来运行刚刚创建的新静态主可执行文件。

线索

回忆一下本书第一个编程挑战，我们修复了一个测试后意外损坏的 Pong Clone 游戏的版本。那个挑战探索了 Java 游戏项目和它的资源之间的联系。从本质上讲，每个游戏项目都使用一个配置文件来设置视频游戏的名称，并决定在哪个文件夹中寻找游戏资源。

通过为 Memory Match 游戏创建一个新的静态主类，我们可以指定一个新的游戏引擎配置文件，该文件又会指定一组新的资源用于游戏。花点时间追踪本书任何一个视频游戏项目，以更好地了解它们是如何配置的。

7.8　解决方案

这是一个有趣的挑战。就完成它所需的实际工作而言，它又是一个简单的挑战。但是，如果是刚开始学习，具体过程还是要熟悉一下的，可以借鉴从之前的编程挑战中获得的知识。下面来谈谈解决这个挑战所需的步骤。你注意到的第一件事情是，挑战要求更改游戏的配置文件，并分配了一些新的资源来使用。

粗略探索一下项目的目录结构，就会发现其中提到的新的配置文件。我想指出该文件中的一个重要条目：

```
<entry key="NAME" val="MemoryMatchTest" type="string" from="GameSettings" />
```

游戏配置文件中的这一行用于在本地配置文件夹 ./MemoryMatch/cfg/ 中寻找游戏资源。

花点时间查看项目的 cfg 目录，留意任何一个名为"MemoryMatchTest"的文件夹。应该在项目的 drawables 资源目录中找到一个有这个名字的文件夹。该文件夹用不同的图像资源呈现游戏的 logo、棋盘和倒计时数字。

为了解决这个挑战，只需将静态主类 MemoryMatch.java 复制成一个新文件，并命名为 MemoryMatchTest.java。一定要以重构方式复制，方法是右击要复制的文件，选择 Refactor Copy。注意，重构时要指定正确的名称：MemoryMatchTest。现在，你已经创建了 MemoryMatchTest.java 文件。请打开它，并更改以下类字段中指定的 XML 配置文件：

```
public static String ENGINE_CONFIG_FILE =
    "./cfg/engine_config_mmg_memory_match_test.xml";
```

完成这些步骤后，就可以更改项目设置，默认使用新的静态主可执行文件。或者可以直接在 IDE 中运行目标文件，方法是右击它并选择"Run File"。又或者使用正确的控制台命令。选择权在你。这里的主要收获是了解 static main 入口点的重要性，并获得了更多使用游戏引擎的经验。注意，相对于彩色图像，游戏的几个关键资源采用了图像的灰度版本（图 7-3）。

慢慢来，小心翼翼地完成本章的代码挑战。如果被卡住了，可以利用现成的解决方案包来找到出错的地方。

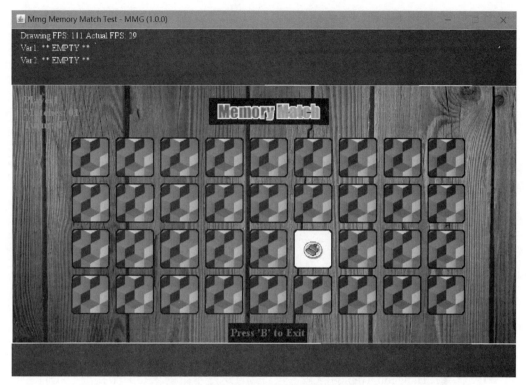

图 7-3　修改后的 Memory Match 游戏

7.9　小结

本章花了不少篇幅来讨论 Java 编程语言的一些 OOP 特性。甚至还花时间探讨了类设计的一些微妙之处，并接受了三个编程挑战。总之，还不算太寒碜。下面总结了本章覆盖的面向对象编程主题和编程挑战。

1. 类的声明：探讨了基本的类定义，并专门讲述了类级访问修饰符。
2. 字段：讨论了如何为类添加字段，并使用访问修饰符来控制这些类字段的使用方式。
3. 方法：讨论了类的方法、访问修饰符、方法参数等。
4. 静态成员：讨论了静态字段和静态方法等静态类成员，进一步完善了对类的理解。

5. 构造函数：类的初始化从未变得如此简单。我们讨论了类的构造函数，并强调了默认和自定义构造函数的区别。

6. 挑战：MmgBmp 类。这个挑战要求添加我们自己的图像来修改游戏。我们获得了一些使用游戏引擎类（如 MmgBmp 和 ScreenGame）的经验，还学会了如何在游戏屏幕上添加自己的图像。

7. 挑战：ScreenGame 类。这一挑战使我们在用户输入方面有了更多的经验。我们配置了 ScreenGame 类，以处理新的键盘输入，从而使我们的新游戏图像动画化、显示和隐藏。采取这种方式，我们增加了一点不必要的游戏功能（例如移动图像）。但是，真的需要增加类似的新游戏功能时，也可以采取同样的操作。

8. 类的访问：这是稍微高级一点的话题，我们讨论了类的访问修饰符的一些细微之处。

9. 类的设计：讨论了类的设计概念。在设计自己的类时，应该从更高的层次思考。

10. static main 入口点：一个非常重要的话题；没有 static main 入口点，就无法运行程序。我们讨论了这个话题，并演示了如何创建一个静态主类，以及如何执行一个包的默认可执行 Java 类，或者手动指定目标可执行 Java 类。

11. 挑战：Dungeon Trap 的静态主入口点。这是本章的最后一个挑战；我们通过为 Memory Match 游戏创建一个新的可执行 Java 类来使用一组不同的游戏资源，对游戏引擎、游戏引擎配置文件、游戏资源和静态主入口有了更多经验。

Java 类极其强大，可以添加到我们的编码工具箱中。每当坐下来写一个 Java 程序时，其实都在使用类。知道如何创建类并通过访问修饰符、自定义构造函数和类方法来定义它们的使用，为你作为一名 Java 程序员打开了一个全新的宇宙。在下一章中，我们将更进一步，探讨一些强大的语言特性，使我们能以更多的方式使用类。

第 8 章

封装、继承和多态性

本章是关于 Java OOP 的高级主题，涉及封装、继承和多态性的主题。它们共同构成了面向对象编程的四个主要理论原则中的三个。第四个原则，即抽象，超出了本书的范围，所以这里不打算讨论。让我们通过定义 Java 面向对象编程语言的这些特性来为后续的讨论做好准备。

- 封装（Encapsulation）：将代码和数据包装成一个单元的过程，通常以一个 Java 类的形式呈现，它通过类的方法对字段进行高度控制。
- 继承（Inheritance）：OOP 的一个关键特性，允许从现有类创建一个新类。新创建的类称为子类（或派生类），而派生出子类的现有类称为超类（或父类、基类）。
- 多态性（Polymorphism）：多态性与继承一起工作，允许继承的方法以不同于基类的方式工作。

本章将依次仔细讨论这些高级主题，在此过程中将使用一个新游戏：Dungeon Trap。尽情享受吧！

8.1 封装

封装是我们要探讨的面向对象编程的第一个原则。Java 中的封装是指通过使用访问修饰符和类方法对数据（即类的字段）进行战略保护。清单 8-1 展示了一个 Java 类的基本封装例子。

清单 8-1 在一个简单的类中进行封装的例子

```
01 public class BasicEncapClass {
02     private int field1 = 0;
03
04     public BasicEncapClass(int i) {
05         this.field1 = i;
```

```
06    }
07
08    public int getField1() {
09        return this.field1;
10    }
11
12    public void setField1(int i) {
13        this.field1 = i;
14    }
15 }
```

☕ **Java 编程说明**

我喜欢把封装的概念看得更深远一些，而不仅仅是用 get 和 set 方法保护类的数据。我认为，适当的封装还应包括通过一组简单的类方法适当地公开复杂的类功能。

根据定义，在封装良好的类中，我们将类的字段变成 private 来保护对它们的访问。然后，使用 get 和 set 方法公开对这些字段的有控制的访问。我知道这有点迂回，但这种 OOP 哲学实际实现起来一点都不难。注意，在设计一个游戏或其他 Java 程序时，你可能会过度封装。如果这样做，会给游戏带来一些不必要的额外开销。

例如，所有的简单游戏类都应该使用严格的封装吗？这会使类的所有字段访问都需要经由方法调用，而方法调用在大多数情况下，比直接访问公共字段的效率低。这个问题没有一个终极答案。总之，我们可以使用类的 get 和 set 方法以及字段访问修饰符对类的字段进行严格的访问控制。在下一节，我们将讨论 Java 中的类继承，并了解如何在其他现有类的基础上创建新类。

8.2 继承

在 Java 中，继承是 OOP 的主要特性之一，它允许从一个现有的类创建一个新类。创建的新类称为子类，而子类所来自的现有类称为基类。让我们看看如何在 Java 中实际声明一个子类。我们将以清单 8-1 的类为基础。如清单 8-2 所示，留意封装和继承是如何一起工作的。

清单 8-2　使用 Java 类的封装和继承的例子

// 类声明

```
01 public class BasicEncapClass {
02    private int field1 = 0;
03
04    public BasicEncapClass(int i) {
05       this.field1 = i;
06    }
07
08    public int getField1() {
09       return this.field1;
10    }
11
12    public void setField1(int i) {
13       this.field1 = i;
14    }
15 }
16
17 public class BasicSubClass extends BasicEncapClass {
18    private int newField1 = 1;
19
20    public BasicSubClass(int i) {
21       super(i);
22       this.newField1 = i;
23    }
24
25    @Override
26    public int getField1() {
27       return this.newField1;
28 }
29
30    @Override
31    public void setField1(int i) {
32       this.newField1 = i;
33    }
34 }
```

在清单 8-2 中，注意我们如何让一个新类从现有类继承。在这里，BasicSubClass
类扩展（继承）了 BasicEncapClass 类。注意，Java 是用 extends 关键字来声明一个新的子类。Java 只支持"单继承"，这意味着只能从一个基类继承（扩展）。在本例中，子类声明了新的类字段、构造函数和 get/set 方法。在新的构造函数中，注意使用了一个特殊的关键字，即第 21 行的 super。

super 关键字允许访问当前类的超类（基类），以调用其方法或访问其字段。在子类的构造函数中，它还有另一个用途。在构造函数的第一行，而且只能在第 1 行，可以调用超类的构造函数。在本例中，在创建子类一个新实例时，将调用 BasicEncapClass 类的构造函数。另外，注意子类保留了同名的 getField1 和 setField1 方法，只是重新定义了它们的功能，以便与一个新的类字段一起工作。

@Override 关键字是一个特殊的方法注解，表示当前方法覆盖（重写）了同名的超类方法。你看到封装和继承是如何在 Java OOP 编程中一起工作的吗？通过隐藏类的字段并通过类的方法公开功能，子类可以通过一种可控的方式维护和扩展其超类的功能。在下一节中，我们将运用所学的 Java OOP 的新知识来接受一个编程挑战。

8.2.1　游戏编程挑战 11：继承

在本章的第一个编程挑战中，你必须依靠类继承的知识为 Dungeon Trap 游戏添加一种新武器。

本挑战所涉及的包如下：

net.middlemind.DungeonTrap_Chapter8_Challenge1 net.middlemind.DungeonTrap_Chapter8_Challenge1_Solved

说明

找到包 net.middlemind.DungeonTrap_Chapter8_Challenge1，然后打开 MdtWeaponSpear.java 文件。你的任务是修改 Dungeon Trap 游戏，在游戏中加入火焰长矛作为两个玩家的默认武器。新武器资产的图形可以在游戏项目的图像资源目录中找到：

./cfg/drawable/DungeonTrap

还必须将新武器插入游戏中。由于游戏中已经有了长矛武器，首席程序员要求你使用继承来创建新的 Java 类。除了使用新的图像，使新武器的威力更大，速度稍慢，其他一切都保持不变。确保该武器是两个玩家的默认武器。这需要更改 MdtCharInter.java 类，它是游戏中玩家和怪物角色的超类。为了测试游戏，必须运行这个包的 DungeonTrap.java 文件，右键单击并从上下文菜单中选择 Run File 即可。

线索

如果你被卡住了，仔细看看 MdtWeaponSpear.java 类是如何在 MdtCharInter.java 类中使用的。如果更改了默认长矛的图像和攻击属性，就可以让它看起来像火焰长矛，也可以像火焰长矛一样行动。仔细思考这个问题。然后，再想想 Java 的继承特性，以及使用复制和粘贴来创建一个现有类的快速副本。最后提示一点，玩家和怪物的默认武器是在 MdtCharInter.java 类的构造函数中设置的。

8.2.2　解决方案

这个挑战是本书比较高级的挑战之一，但如果仔细阅读说明和线索，我想已经有足够的信息能够完成这个挑战。整个解决方案实际上取决于对 Java 继承的运用。目标是基于一个现有的武器类 MdtWeaponSpear.java 来创建一个新版本的长矛。必须对代码进行 4 项调整，包括创建新的火焰长矛 Java 武器类，以便将新武器作为玩家的默认武器添加到游戏中。现在让我们更详细地解释一下。

如前所述，必须做的第一个调整是对 MdtWeaponSpear.java 类进行重构复制（选择 Refactor　Copy），并重命名为类似于火焰矛类的东西。我们选择把新的子类命名为 MdtWeaponSpearFlame.java。接着，必须更改用于显示武器的图像资源，使它看起来更像一把火焰长矛，而不像一把普通的矛。图像资产已经包含在游戏的资源文件夹中。

找到它们并使用图像文件的名称（包括扩展名）来更改新的火焰长矛类所使用的图像资源。接着，要求使该武器的性能有所不同，即修改为一种更强但更慢的攻击。为此，我们将攻击强度从 1 点增加到 2 点，并将武器攻击的时间从 250ms 延长到 350ms，使武器的攻击慢了 100ms。

最后，需要将火焰长矛设定为游戏中所有玩家的默认武器。为了实现这一目标，必须看一下 MdtCharInter.java 类。这是游戏中所有角色的超类，因此有设置默认武器的代码。参考现有的代码，将新武器添加到角色支持的武器列表中，然后将其设置为已装备武器。如果完成了所有适当的调整，最终会得到如图 8-1 所示的红色长矛。

如果你的修改没有生效，请花些时间检查一下解决方案包的代码。

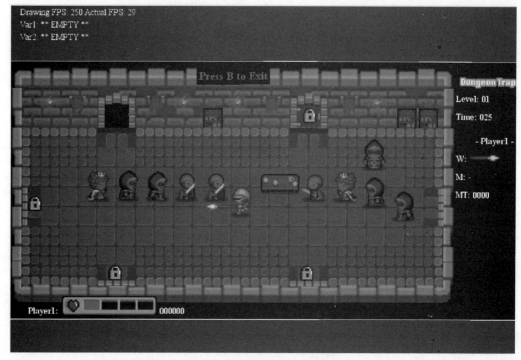

图 8-1　玩家手持新的火焰长矛

8.3　多态性

在计算机编程的背景之外，多态性被定义为"多种形式"。当我们拥有通过继承而相互发生了关系的类时，就形成了"多态性"。事实上，本章早些时候已经展示了它的一个例子，只是当时还不知道而已。如清单 8-3（与清单 8-2 一样）所示，我们将基于它来讨论 Java 面向对象编程中的多态性问题。

清单 8-3　使用 Java 类的封装、继承和多态性的例子

```
// 类声明
01 public class BasicEncapClass {
02    private int field1 = 0;
03
04    public BasicEncapClass(int i) {
05       this.field1 = i;
```

```
06   }
07
08   public int getField1() {
09       return this.field1;
10   }
11
12   public void setField1(int i) {
13       this.field1 = i;
14   }
15 }
16
17 public class BasicSubClass extends BasicEncapClass {
18   private int newField1 = 1;
19
20   public BasicSubClass(int i) {
21       super(i);
22       this.newField1 = i;
23   }
24
25   @Override
26   public int getField1() {
27       return this.newField1;
28 }
29
30   @Override
31   public void setField1(int i) {
32       this.newField1 = i;
33   }
34 }
```

这里使用同一个清单是有原因的。我的目的是让大家留意，封装、继承和多态性的概念是相辅相成的，而且紧密联系在一起。如果没有一个封装良好的类，继承就没有那么有用，而且几乎肯定会造成混乱。

有了良好的封装，就有了良好的继承，这就给我们带来了多态性。花些时间看看第 26 行和第 31 行的两个被重写（override）的方法：getField1 和 setField1。

BasicEncapClass 类存在同名方法，但在 BasicSubClass 类中被重新定义。这就是多态性的一个例子，因为方法名没变，但含义和用法改变了。

这似乎有点令人困惑，所以让我们花点时间从一个稍微不同的角度来看看它。下面不再使用无意义的、虚构的类，而是使用我们更熟悉的一种类——鱼（Fish）——来进行说明。

清单 8-4　通过对鱼进行建模来说明封装、继承和多态性

```
// 类声明
01 class Fish {
02    private int avgLen; // 平均长度
03    private int avgWeight; // 平均重量
04    private String color; // 鱼的颜色
05
06    public Fish() {
07    }
08
09    public int getAvgLen() {
10        return this.avgLen;
11    }
12
13    public void setAvgLen(int i) {
14        this.avgLen = i;
15    }
16
17    public int getAvgWeight() {
18        return this.avgWeight;
19    }
20
21    public void setAvgWeight(int i) {
22        this.avgWeight = i;
23    }
24
25    public String getColor() {
26        return this.color;
27    }
```

```
28
29    public void setColor(String s) {
30       this.color = s;
31    }
32
33    public String getName() {
34       return "Fish";
35    }
36
37    public String getFoodSource() {
38       return "Worms";
39    }
40
41    @Override
42    public String toString() {
43       return "This fish,"+this.getName()+", eats'"+this.getFoodSource()+"'.";
44    }
45 }
46
47 class Trout extends Fish {
48    public Trout() {
49       super.setAvgLen(25);
50       super.setAvgWeight(8);
51       super.setColor("Brown");
52    }
53
54    @Override
55    public String getName() {
56       return "Trout";
57    }
58
59    @Override
60    public String getFoodSource() {
61       return "Worms and insects";
62    }
63 }
```

```
64
65 class RainbowTrout extends Trout {
66     public RainbowTrout() {
67         super.setAvgLen(30);
68         super.setAvgWeight(10);
69         super.setColor("Rainbow");
70     }
71
72     @Override
73     public String getName() {
74         return "Rainbow Trout";
75     }
76 }
```

```
// 程序代码
01  Fish fish = new Fish();
02  System.out.println("fish - toString: " + fish);
03  System.out.println("");
04
05 Trout trout = new Trout();
06 System.out.println("trout - toString: " + trout);
07 fish = trout;
08 System.out.println("fish = trout - toString: " + fish);
09 System.out.println("");
10
11 RainbowTrout rbTrout = new RainbowTrout();
12 System.out.println("rbTrout - toString: " + rbTrout);
13 trout = (Trout)rbTrout;
14 System.out.println("trout = rbTrout - toString: " + trout);
15 fish = (Fish)trout;
16 System.out.println("fish = trout - toString: " + fish);
17 fish = (Fish)rbTrout;
18 System.out.println("fish = rbTrout - toString: " + fish);
```

```
// 输出
//fish
```

```
fish - toString: This fish, Fish, eats 'Worms'.

//trout
trout - toString: This fish, Trout, eats 'Worms and insects'.
fish = trout - toString: This fish, Trout, eats 'Worms and insects'.

//rainbow trout
rbTrout - toString: This fish, Rainbow Trout, eats 'Worms and insects'.
trout = rbTrout - toString: This fish, Rainbow Trout, eats 'Worms and insects'.
fish = trout - toString: This fish, Rainbow Trout, eats 'Worms and insects'.
fish = rbTrout - toString: This fish, Rainbow Trout, eats 'Worms and insects'
```

在这个正确封装的 Fish 类中，它派生出子类 Trout（鳟鱼），后者又派生出了子类 RainbowTrout（虹鳟）。注意，每个扩展类（子类）也是其超类的一个实例。类在重写了超类的方法后，就具备了多态性。

🔍 **游戏开发说明**

在设计游戏的类结构时，类的继承是一个非常强大的工具。在游戏中，经常需要处理怪物、武器和物品，它们都是某个常规类别的更具体的版本。在为这种程序结构建模时，要充分利用类的继承。

清单 8-4 相当长，在继续学习之前请花些时间仔细阅读。在这个例子中，我们所讨论的 OO 编程的三个关键方面都在协同工作。让我们梳理一下所发生的事情，并在此过程中涉及一些更细的点。首先，Fish 类是一个进行了良好封装的类的例子。它有三个字段：avgWeight、avgLen 和 color。还定义了两个方法来提供鱼的具体信息：getName（获得鱼的名称）和 getFoodSource（获得食物来源）方法。

该类的最后一个方法需要解释一下，即 toString 方法。该方法附加了 @override 注解，这表明它重写了一个现有的方法。但具体是哪一个呢？我们之前并没有定义一个 toString 方法。好吧，事实上，正如我们之前提到的，Java 中的每个类都是 Object 超类的子类，而后者已经定义了一个 toString 方法，能将类的名称转换为字符串形式。

通过重写该方法，我们让 Fish 类的同名方法返回一个特定的值。在本例中，就是返回以下字符串：

```
This fish, [fish name], eats '[food source]'
```

即：

这种鱼，[鱼的名称]，吃' [食物来源]'

这就是多态性的一个例子，因为 toString 方法现在已经专门为 Fish 类重新定义了。在下一个例子中，Trout 类（鳟鱼是一种特殊类型的鱼）扩展了 Fish 类。这个类的定义通过继承来扩展了超类 Fish，并通过多态性来重新定义超类的某些方法。在本例中，Trout 类重新定义（重写）了 getName 方法和 getFoodSource 方法，使之符合鳟鱼的实际。

为了加深理解，我们定义了第三个类 RainbowTrout，它扩展了 Trout 类。作为鳟鱼的一种特殊类型，需要为虹鳟定制一些从 Trout 和 Fish 类继承的类方法。在本例中，我们只需重写 getName 方法，以指出该类是一个虹鳟鱼类。注意，每个对 Fish 类进行扩展的类，或者说 Fish 类的子类，都继承了其重载的 toString 方法。

花些时间看一下清单中的输出，注意每个类的实例是如何被向上转型为它的超类 Fish 的。注意，即我们与之交互的是 Fish 类的一个实例，输出的仍然是自定义的信息。这是多态性的一个例子，因为类是它自己和它的所有超类的实例。这个例子还体现了 Java 中的方法的多态性。

@override 方法注释被用来表示一个方法是超类所定义的方法的替代品。通过这种方式，可以基于继承的每个方法，为子类定义新的、自定义的功能。这使得继承类可以扩展超类的功能。Java 中的多态性不仅体现在可以重写类的方法来定制功能，还体现在子类也是其超类的一个实例。

换言之，Trout 类的一个实例也是 Fish 类的一个实例，也是 Object 类的一个实例，以此类推。多态性的这一方面在第 13 行～第 17 行的子类向超类的向上转型中得到了证明。在下一节中，我们要开始一个涉及多态性和 Dungeon Trap 游戏的编程挑战。

8.3.1   游戏编程挑战 12：多态性

本章的第二个编程挑战将利用 Java 的多态性来修改上一个挑战所实现的火焰长矛在游戏中的作用。由于它以上一个挑战的解决方案为基础，所以在继续之前，一定要获得上一个挑战的正确解决方案。

本挑战所涉及的包如下：

net.middlemind.DungeonTrap_Chapter8_Challenge2 net.middlemind.DungeonTrap_Chapter8_Challenge2_Solved

说明

找到包 net.middlemind.DungeonTrap_Chapter8_Challenge2，然后再打开其中的 MdtWeaponSpearFlame.java 文件。这是一个比较复杂的挑战，涉及以下 Java 类中的代码：

- MdtWeaponSpearFlame.java
- MdtWeapon.java
- ScreenGame.java
- MdtWeaponAxe.java

一些开发者喜欢新的长矛，但觉得它与原来的长矛太相似了。他们想测试一下让长矛射出去，就像投掷武器一样。为了实现这一更改，你需要对代码做一些调整。有一个作为投掷武器存在的武器，即 MdtWeaponAxe.java 类。我们需要使用这个类中的一些方法来使武器可以投掷。首先，需要从 MdtWeaponAxe.java 文件中复制并粘贴以下方法到 MdtWeaponSpearFlame.java 文件：

- GetX()
- SetX(int i)
- GetY()
- SetY(int i)
- SetPosition(MmgVector2 v)
- SetPosition(int x, int y)

这允许新的火焰长矛像斧头这种可投掷的武器一样处理其 X、Y 坐标或位置。接着，需要调整所有武器的超类 MdtWeapon.java，以支持新的可投掷长矛。在这个类中找到以下方法：

- GetWeaponRect()
- MmgDraw(MmgPen p)

有专门的代码分支来处理斧头的投掷；扩展两个 if 语句以支持可投掷的长矛。必须对 ScreenGame.java 类的 ProcessAClick 方法做类似的修改。找到该方法中必须修改 if 语句的两个地方，以加入可投掷长矛的支持，而不仅仅是支持斧头。如果实现得当，在完成这些调整后，火焰长矛会飞出并旋转。

为了测试游戏，必须运行这个包的 DungeonTrap.java 文件，右键单击并选择 Run File 即可。

线索

这是一个艰难的挑战，如果遇到麻烦，而且没有什么线索可以指导你，那么请仔细阅读"说明"中描述的类和方法。注意代码中斧头的不同行为，记住你要实现的是可投掷的长矛，所以它的功能应该和可投掷的斧头是一样的。

8.3.2　解决方案

如前所述，为了解决这个挑战，需要先正确解决本章关于继承的第一个挑战。如果遇到麻烦，但又想继续前进，那么可以将本章挑战 1 的解决方案作为本挑战的起点。

为了成功解决这个挑战，新的解决方案需要在 5 个不同的地方进行修改。下面列出了修改的位置和大致的顺序：

- MdtWeaponSpearFlame.java 和 MdtWeaponAxe.java：在本例中，需要复制重写了定位功能的方法，使武器能独立于玩家的运动
- MdtWeapon.java：需要在 GetWeaponRect 方法中进行调整
- MdtWeapon.java：需要在 MmgDraw 方法中进行调整
- ScreenGame.java：针对武器的发射，需要调整 ProcessAClick 方法

下面按顺序描述一下所做的调整。需要做的第一个更改是使用多态性来重写超类的定位方法的功能。这里所做的调整允许武器独立于持有它的玩家而运动。重用 MdtWeaponAxe 类的代码即可，因为斧头也是可以投掷的。接着，我们转到 MdtWeapon.java 类，看一下 GetWeaponRect 方法，它用来计算在屏幕的什么位置绘制武器的矩形。

对于不可投掷的近身武器，该方法根据武器的杀敌动画来计算矩形。对于投掷式武器，即斧头和现在的火焰长矛，我们返回对投射物在屏幕上的位置及其面对方向进行描述的矩形。需要调整 if 语句以加入 SPEAR 武器类型。在你的编码工具箱中，已经有了所有必要的工具。需要对 MmgDraw 方法做一个类似的修改，以便在绘制投掷武器时包括长矛。

注意，MdtWeapon 类是 MdtWeaponAxe 类、MdtWeaponSpear 和 MdtWeaponSpear Flame 类的超类。这是为什么改变这里的代码会影响所有扩展类（子类）的原因。集中化给我们带来了好处，但也增加了复杂性，因为我们必须在这一级支持各种不同的武器，包括投掷和近身武器。需要做的最后一项更改是将武器的新副本添加到游戏的可绘制对象中。这是在 ScreenGame 类的 ProcessAClick 方法中完成的。玩家发射武器时，它的一个克隆体被添加到游戏中。由于之前所做的更改，这个复制体能自己飞起来，并在飞的过程中旋转，直到撞到什么东西。

这些就是我们为解决这个编程挑战所要做的改变。这绝不是一项容易的任务，而且需要用到编码工具箱中的一些工具。暂时搞不定也不必担心。多研究一下现成的解决方案，最终肯定能成功。

在下一节中，我们将讨论如何和其他开发人员分享类，并将其包含在我们的程序中。

8.4　导入类库

理解了 Java 类和封装 / 继承 / 多态性等 OOP 概念后，接着需要理解如何将代码打包并在其他程序中使用它。为此，需要 build 一个想共享的 Java 项目，生成相应的 JAR 文件。大多数情况下，这种类型的项目不包含 static main 方法，只包含 Java 类。

我们通常将其称为一个库。可以通过共享项目的 JAR 文件来共享库。要在 NetBeans IDE 中为项目添加一个库，请右击项目，从上下文菜单中选择 Properties。在属性对话框中，从左边的类别列表中选择 Libraries。如果使用本地 JAR 文件，可以在 Classpath 区域添加一个新条目。单击 + 按钮，从弹出的快捷菜单中先后选择 Add JAR 和 Folder，如图 8-2 所示。

这个过程与第 1 章用来设置视频游戏项目的本地库文件的过程相同。将别人共享的库添加到自己的项目后，需要在 Java 程序中包含这个包，然后才能使用它。为此，使用 Java 的 import 关键字即可。下例导入了视频游戏引擎的包：

```
import net.middlemind.MmgGameApiJava.MmgCore.*;
import net.middlemind.MmgGameApiJava.MmgBase.*;
```

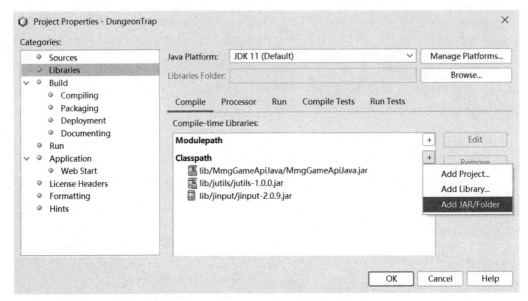

图 8-2　NetBeans IDE 的项目库设置

　　如果在导入的包名称后使用了通配符（*），那么将获得对指定 Java 包中的所有类的访问。这很方便，但并不直观，而且它隐藏了哪些类实际上属于哪些包。下面来看看如何只导入一个 Java 类。在下面这个例子中，我们添加对 MmgBmp 类的访问：

```
import net.middlemind.MmgGameApiJava.MmgCore.MmgBmp;
```

　　注意，所有的 Java 类都是通过它们的包名导入的。在使用 Java 的过程中，请记住这一点。花点时间了解一下 Java 中最常用的包，包括类的框架。经常要用到的两个重要包是 java.io 和 java.util。可在以下网址找到更多关于 Java 框架中可用的类的信息：

　　https://docs.oracle.com/en/java/javase/11/docs/api/index.html

　　至此，本节关于导入和访问类库的内容就结束了。在下一节中，我们将研究视频游戏项目的常规共享结构。

8.5　视频游戏项目结构

　　由于本书配套的所有视频游戏项目都基于同一个游戏引擎，所以它们共享类似的配置。以下三个 Java 类设置了静态主入口点和两个用于处理游戏窗口和面板的关键类。

- 游戏的静态主入口点：用游戏名称来命名，包括 PongClone.java、MemoryMatch.java 和 DungeonTrap.java。项目的这一部分提供了游戏的可执行类。如之前的一些编程挑战所示，它还通过游戏引擎的配置文件设置了视频游戏和其资源之间的连接。

- MainFrame.java：这个类设置了游戏主屏幕，GamePanel 类会在这个屏幕呈现。该类主要用于提供超类的功能。注意，它继承了游戏引擎的类库。

- GamePanel.java：这个类处理来自游戏加载和启动屏幕的事件，并根据游戏状态在游戏屏幕之间切换。这个类的大部分功能来自它的超类。

基于这三个类并稍作调整，例如重构可执行类，并将游戏指向一个新的游戏引擎配置文件，基本上就能开始开发一个新游戏了。在游戏的可执行类中，一个非常重要的类字段是 ENGINE_CONFIG_FILE。下面列出了来自 Pong Clone 游戏的这个字段：

```
/**
* Base engine config files.
*/
public static String ENGINE_CONFIG_FILE = "../cfg/engine_config_mmg_pong_clone.xml";
```

.xml 游戏引擎配置文件用于指定一些关键的游戏引擎设置。我们主要关心其中的 NAME 条目。该文件使用 XML 编码，但应该足够简单，不需要更深入的研究即可开始编辑。我们只需更改 NAME 条目的 val 属性值即可。该值必须与包含游戏资源的文件夹的名称相同，如下所示：

```
<entry key="NAME" val="MemoryMatch" type="string" from="GameSettings" />
```

它对应局部于 NetBeans 项目文件夹的以下目录结构：

```
./cfg
-> class_config
   -> MemoryMatch
-> drawable
   -> MemoryMatch
   -> MemoryMatchTest
-> playable
   -> MemoryMatch
-> engine_config_mmg_memory_match.xml
-> engine_config_mmg_memory_match_test.xml
```

游戏引擎的某些方面超出了本书的范围，但我希望你能练习使用游戏引擎创建一个新的视频游戏项目。cfg 文件夹里有四个支持的资源。class_config 目录包含的配置文件用于调整特定游戏的特定类中的资源。这个文件中的条目在运行时提供数据，以设置游戏屏幕的图像资源等东西。

drawable 目录用于存放图像资源，支持的图像文件类型包括 PNG 和 JPG。放在其中的任何图像都会自动加载，并通过其完整的文件名（包括扩展名）进行访问。我们在以前的编程挑战中看到过图片的加载过程。playable 目录与 drawable 目录相似，只是它用于加载声音文件。建议使用 WAV 文件为游戏提供音效和音乐。

最后，cfg 文件夹中还包含一些 XML 文件，它们是游戏引擎的配置文件，用于游戏的特定副本。多个项目可以指向相同的资源。这在本书编程挑战的设置中得到了体现。每个挑战都是游戏项目本身的一个包，而且大多数情况都配置为访问相同的资源和配置文件。注意，在 drawable 和 playable 目录下有一个 auto_load 文件夹。这些文件夹中的任何资源都会默认加载，并在游戏中以其完整的文件名提供。

下一节的编程挑战要求你新建一个视频游戏项目。

8.5.1　游戏编程挑战 11：新建游戏项目

在本章的第三个挑战中，我们将练习创建一个新的游戏项目。这个挑战看似简单，但实际有点难；你可能无法在第一次尝试时完成。但不用担心，随时都参考一个现有的项目，看看它是如何设置的，并复制配置。

本挑战所涉及的项目如下：

PongClone
MyNewGameSolved

说明

这个挑战完全跟你自己有关。作为开发人员，我们不会为其他任何人做这样的开发任务或类似的事情。在这个挑战中，你要通过新建一个游戏项目来探索视频游戏项目的配置。新项目是一个现有项目的功能克隆。为了完成这个挑战，你要新建一个项目而不是包，这在本书所有挑战中是最特殊的。

目标是利用你对 NetBeans IDE、游戏引擎和前面所有章节的项目配置的了解，将 Pong Clone 游戏复制到一个名为 MyNewGame 的新项目中。我将概述解决这一挑战所需的一般步骤，并将具体过程留给你。在本挑战的解决方案部分，还会详细回顾这一过程。

1. 创建一个新的 NetBeans IDE 项目，命名为 MyNewGame。

2. 添加并配置 jutils、jinput 和 MmgGameApiJava 库文件。

3. 将 PongClone 项目的 cfg 目录复制到新的 MyNewGame 项目的本地目录。

4. 从 PongClone 项目的 net.middlemind.PongClone 包复制所有 Java 类文件。利用"重构复制"功能把它们复制到新项目（Refactor Copy）。重构的包可以随意命名。

5. 配置项目的设置，包括默认静态主类、输出目录、Java 版本和工作目录。

6. 执行该项目并验证 Pong Clone 游戏是否能正常运行。

自己试试吧，祝你好运！

线索

可以参考任何现成的视频游戏项目来配置自己的新 NetBeans 项目。这里使用 PongClone 项目作为参考。记住，你需要创建一个 Pong Clone 游戏的副本来作为新的视频游戏的起点，将其克隆到一个新的 NetBeans 项目中。

8.5.2　解决方案

为了完成这个挑战，必须通过一系列的配置步骤来创建新的视频游戏项目，并将 Pong Clone 游戏的有效副本作为项目的基础配置。让我们详细了解一下这个过程中的每一个步骤。

第 1 步：新建一个项目来进行定制

从 NetBeans 菜单中先后选择 File 和 New Project。从 Categories 列表中选择 Java with Ant，项目类型则选择 Java Application，如图 8-3 所示。

在下一步中，为项目名称输入 MyNewGame，并选择项目的位置。不要勾选 Create Main Class 选项，因为我们将使用 PongClone 项目的一个副本，如图 8-4 所示。

完成项目创建过程，并在 NetBeans 项目列表中展开该项目。

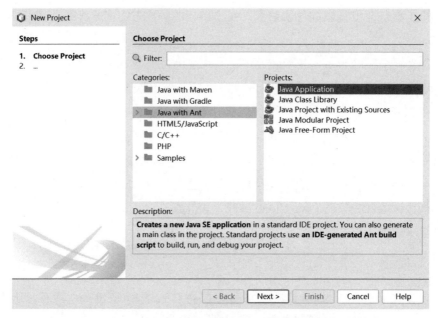

图 8-3　新建项目对话框——选择项目类型

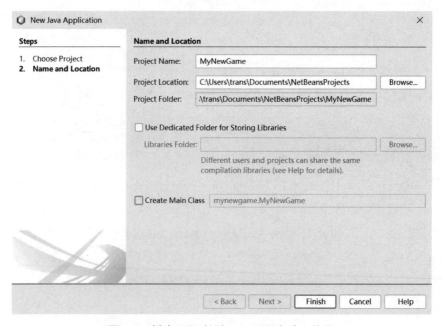

图 8-4　新建项目对话框——项目名称和位置

第 2 步：添加默认项目库

创建好新项目后，现在必须像第 1 章那样配置一系列基本库。如有必要，可以参考当时的做法。图 8-5 展示了如何添加 Java 库，图 8-6 展示了库添加好之后的样子。

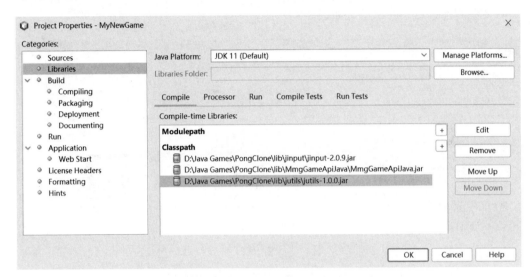

图 8-5　项目属性对话框中显示了已经配置好的库

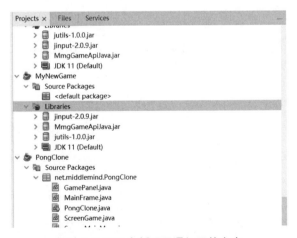

图片 8-6 已经为新项目添加了基本库

现在，新的 NetBeans 项目和库已经设置好了。接着可以添加 Pong Clone 游戏的资源文件夹。

第 3 步：复制资源文件夹

资源文件夹 cfg 位于每个游戏的 NetBeans 项目文件夹的根目录下。它包含所有游戏资源和配置信息，如图 8-7 所示。把它复制到一个新项目中，就可以作为新项目的游戏资源和配置信息的来源，如图 8-8 所示。

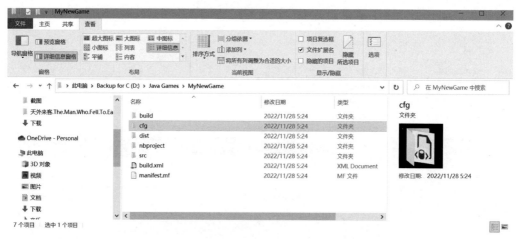

图 8-7　包含了游戏资源文件夹的新项目

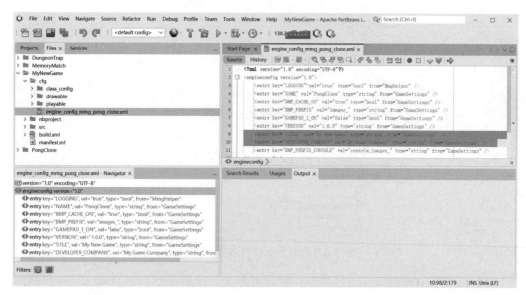

图片 8-8　修改新项目的 engine_config_mmg_pong_clone 配置文件

从现有 Pong Clone 游戏项目文件夹中复制并粘贴 cfg 文件夹到新游戏的项目文件夹即可。需要对游戏的配置文件进行一些定制，这样才能使它成为一个不同的游戏。找到并打开以下位置处的 XML 配置文件：

./MyNewGame/cfg/engine_config_mmg_pong_clone.xml

要将 TITLE 和 DEVELOPER_COMPANY 条目更改为新的字符串值，这样才能算成是一个不同的游戏。

在 NetBeans IDE 中，单击左侧的 Files 标签并找到该文件。注意要展开新游戏项目的 cfg 目录才能找到该文件。

第 4 步：复制 PongClone 的 Java 类

我们将用 Pong Clone 游戏的 Java 类来作为新项目的基础。可以直接在 NetBeans IDE 中把它们从项目中复制并粘贴到项目中，如图 8-9 和图 8-10 所示。注意，一定要以重构方式复制。方法是右击要复制的文件，从弹出的快捷菜单中先后选择 Refactor 和 Copy。

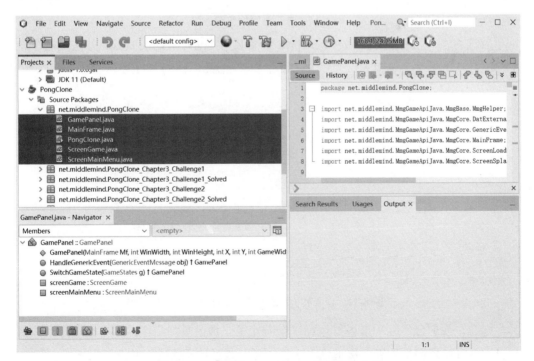

图 8-9　选定要从 Pong Clone 类复制的文件

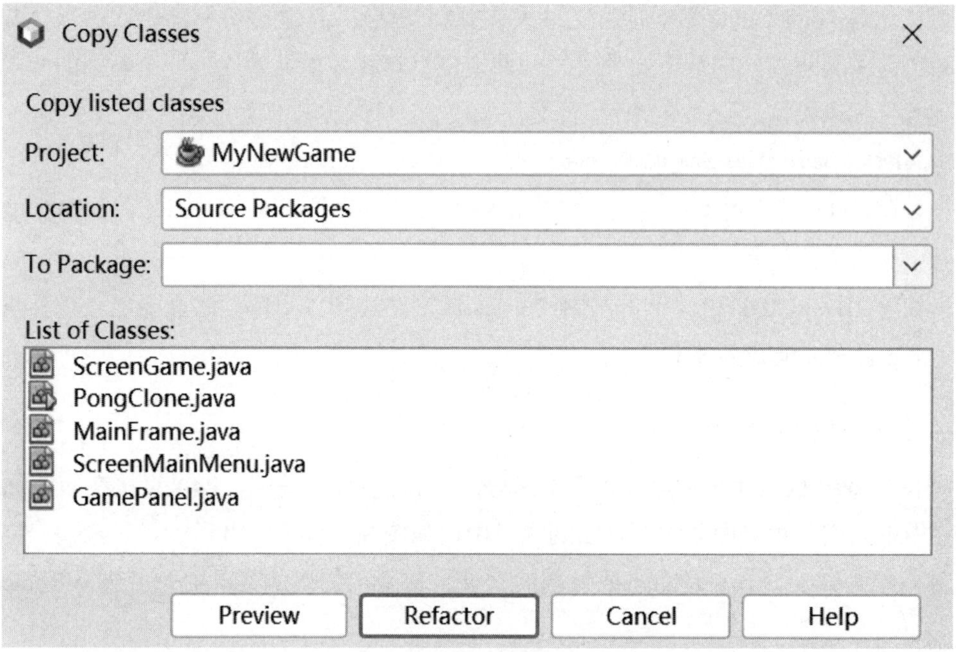

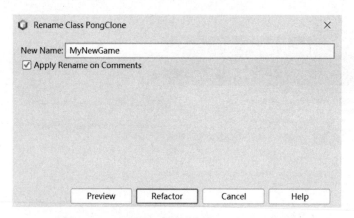

图 8-10　重构复制选定的文件

应该将主可执行类从 PongClone.java 重命名为 MyNewGame.java，方法是右击该文件，并从上下文菜单中先后选择 Refactor 和 Rename，如图 8-11 所示。

图 8-11　以重构方式重命名 PongClone 主类

现在，我们已经几乎准备好运行这个游戏了。类已复制到位，库也设置好了，而且已准备好了资源文件夹。接下来，我们将对一些项目设置进行微调。

第 5 步：配置项目设置

　　在运行游戏之前，有几个项目设置应该注意一下。首先是设置项目的"工作目录"。由于游戏需要找到 cfg 目录，所以我们将 Working Directory 字段设为"./dist"，如图 8-12 所示。还要设置 Main Class。图中描述的是一个默认的类，确保将你的类设为 MyNewGame.java。

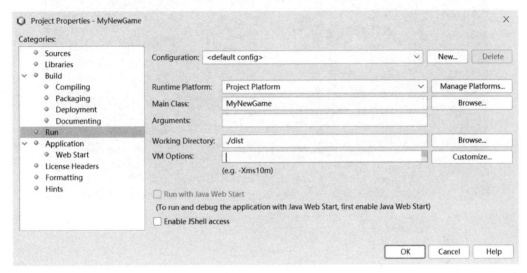

图 8-12　新项目的 Run 设置

第 6 步：执行 Pone Clone 副本

　　右键单击项目，然后从上下文菜单中选择 Clean and Build 以确保项目是全新 build 的。然后，右击 MyNewGame.java 文件，然后从上下文菜单中选择 Run File 来运行该项目，结果如图 8-13 所示。注意，标题栏显示的文本与原始的 Pong Clone 游戏不同。

　　恭喜，现在可以使用简单的 Pong Clone 游戏作为起点来创建一个新的游戏项目了。可以清理代码，或者按自己觉得合适的方式更改它。将这些知识与你通过编辑 ScreenGame 类来修改游戏的经验结合起来，动手构建自己的游戏。

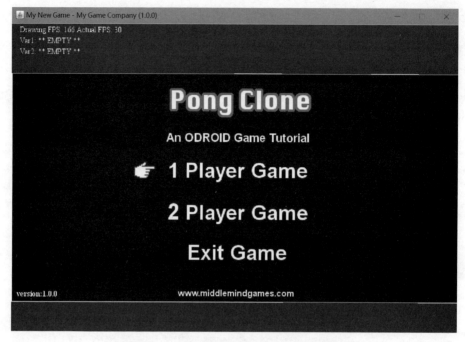

图 8-13　显示新项目运行情况的屏幕截图

8.6　小结

本章结束了对 Java 类的讨论。我们领略了 Java 编程语言的许多不同特性，并接受了一些困难的代码挑战。本章涉及的主题如下。

1. 封装：讨论了 OOP 中的封装概念，并在某些高级场景下深入了这一概念。
2. 继承：讨论了 Java 中的类继承，并通过一些例子进行了演示。
3. 挑战：继承。接受了一项艰巨的挑战，使用继承为 Dungeon Trap 游戏增加了一种新的武器——火焰长矛。
4. 多态性：讨论了 Java OOP 的多态性概念，并在类和方法层面进行了演示。
5. 挑战：多态性。目标是进一步修改新的火焰长矛，使其变得可以投掷。这需要大量的技巧和知识。恭喜你接受并完成了这个挑战。
6. 导入类库：将要共享的代码包装成 JAR 文件形式的库，在项目中包含这个 JAR 文件，并使用 import 语句将其导入以便使用。

7. 视频游戏项目结构：项目结构是 Java 编程的一个重要的知识点。我们在游戏开发的背景下，强调了如何在项目结构中使用现有的游戏引擎。

8. 挑战：新建游戏项目。迄今为止所遇到的最繁琐的挑战之一。它要求对游戏引擎和项目结构有一定的了解。步骤很多，耐心操作即可。

到目前为止，我们已经掌握了 Java 类，并学会了如何创建 Pong Clone 游戏的全新副本，把它作为自己的新游戏的起点。回顾一下本章不同的编程挑战，记住如何向 ScreenGame 类添加新的图像以及如何控制它们。你已经走上制作下一个大制作的道路了。

第 9 章

调试技术

必须承认，无论如何努力，我们的第一个软件解决方案很少能做到十全十美。大多数时候，都需要对代码进行调试，以弄清它做了什么，更重要的是，它做错了什么。为了成为一名成功的开发人员（不管什么语言），我们需要能熟练地调试程序。本章将介绍这个方面的一些基本技术。

9.1　输出跟踪

这是最基本和有效的调试技术之一，不需要特殊的软件、IDE 或库。输出跟踪使用输出语句来标记当前执行的代码，以及特定的变量容纳了哪些值。如清单 9-1 所示，让我们用一个例子来说明。

清单 9-1　使用输出语句来调试程序

```
// 代码
01 public void CheckForMatches(MemoryItem itm) {
02    System.out.println("CheckForMatches: START");
03    if(clickedCards != null) {
04      int len = clickedCards.size();
05      Stack<MemoryItem> tmp = new Stack();
06      System.out.println("CheckForMatches: AAA: " + len);
07
08      for(int i = 0; i < len; i++) {
09        MemoryItem tItm = clickedCards.pop();
10        ProcessMatchCheck(tItm, itm);
11        tmp.push(tItm);
12      }
13
14      System.out.println("CheckForMatches: BBB: " + clickFreeze);
15      if(!clickFreeze) {
16        clickedCards.addAll(tmp);
```

```
17        }
18
19        System.out.println("CheckForMatches: CCC: " + clickedCards.size());
20    }
21    System.out.println("CheckForMatches: STOP");
22 }
```

```
// 输出
CheckForMatches: START
CheckForMatches: AAA: 1
CheckForMatches: BBB: true
CheckForMatches: CCC: 2
CheckForMatches: STOP
```

你可能还记得这个代码片段，它来自 Memory Match 游戏的编程挑战。在这个清单中，我们使用输出语句来跟踪方法调用。注意其中跟踪了一些关键信息，例如方法调用的开始和结束，以及 clickedCards 数据结构的大小。像这样进行调试，可以直观地看到一个代码块执行时的情况。这有助于帮助我们修复代码中的任何 bug。

下一节将看看更高级的技术，即使用 IDE 本身来调试程序。当然，本书以 NetBeans IDE 为例，我们将介绍它提供的调试功能。

9.2　IDE 的调试功能

为了调试 Java 程序，另一种稍高级的技术是依靠 NetBeans IDE 自带的工具。这样做的好处是更先进、更有效、更强大，但代价是需要 IDE 来完成调试任务。这平时没有问题，但如果要做一些"设备上"调试，就没有机会访问 IDE 的工具了。在这种情况下，将不得不退回到更基本的输出跟踪技术。

让我们花点时间讨论一下 NetBeans IDE 的调试功能。我们将重点讨论那些有助于发现和修复代码中的 bug 的功能。本章不会涉及到项目级的调试。

NetBeans IDE 的调试工具栏如图 9-1 所示。

图 9-1　NetBeans 调试工具栏

按组合键 Ctrl+F5 进入调试模式后，可以在 NetBeans IDE 的顶部找到这个工具栏。图中显示的按钮依次是 stop（停止）、pause（暂停）、continue（继续）、step over（逐语句）、step over expression（逐表达式）、step into（逐函数）和 step out（跳出函数）。

为了显示调试工具栏，项目必须进入调试模式。从 IDE 窗口的菜单栏选择 Debug，或者按 Ctrl+F5 开始调试当前程序。NetBeans IDE 调试器主要围绕"断点"工作的。可以在任何代码行设置断点，方法是在代码行号左侧的灰色区域单击。这会为所选的代码行生成一个红色高亮图标，以表明它已被设置为一个调试断点。

那么，到底什么是断点？好吧，断点告诉调试器在代码的这一点上暂停执行程序。这样你就可以停起来检查，看看在代码在执行到这个位置后，不同变量有什么变化。图 9-2 展示了 NetBeans IDE 中显示的断点。

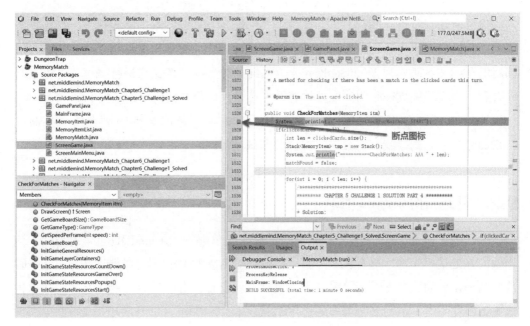

图 9-2　NetBeans IDE 的断点图标

在讨论各种工具栏按钮的实际作用之前，先看看在代码中设置断点后，开始调试程序后会发生什么，如图 9-3 所示。注意，为了开始调试，请右击主入口类文件 MemoryMatch.java，然后从弹出的上下文菜单中选择 Debug File，而不是像往常那样选择 Run File。

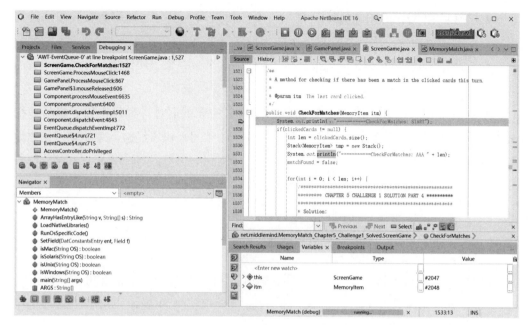

图 9-3　调试过程中在断点处暂停

注意，调试工具栏上的按钮几乎完全激活了。本例在第 5 章挑战 1 的 Memory Match 游戏中设置了断点。当内存匹配游戏板上有两张牌被点击时，就会到达这个特定的断点。调试器将检测到断点并暂停，然后等待我们的指令。此时，可以使用调试栏上的所有按钮来决定程序接着执行哪一行。

这时就可以解释调试工具栏上每个按钮的作用了，如下所示。

- 调试项目（Ctrl+F5）：启动项目的调试会话。

- 结束调试会话（Shift+F5）：结束项目的调试会话。

- 暂停：暂停当前调试会话。

- 继续（F5）：程序继续调试，直到遇到下一个断点。

- 逐语句（F8）- Step Over：到达一个断点时，使用这个按钮来执行当前代码行并移至下一行。如果当前行包含一个方法或构造函数调用，那么会执行整个方法或构造函数，而不会 Step Into。

- 逐表达式（Shift+F8）- Step Over Expression：利用这个按钮完成表达式中的每个方法调用，并查看每个方法调用的输入参数和结果值。如果表达式中没有方法调用，该按钮的行为与 Step Over 命令无异。

- 逐函数（F7）- Step Into：使用这个按钮进入一个方法调用，查看方法的参数和返回值，逐行执行方法中的代码来继续调试。
- 跳出函数（Ctrl+F7）- Step Out：使用这个命令来一次性执行完当前函数的其余部分。

从这些工具可以看出，在使用 NetBeans 内置的调试器时，我们可以很容易地探索 Java 程序的变量、参数和返回值。可能需要一些时间来积累经验，才能真正充分地利用这些调试工具。

在下一节中，我们要看看 Java 编程语言中的异常处理。

9.3　异常

之前在讨论 Java 编程语言的流程控制时，我们讲到 try-catch 语句，并提到了 Exception 类和 Java 的异常处理机制。本节将重新审视这个主题，并指出在 Java 程序中进行异常处理一些细微之处。

9.3.1　异常处理

当一行 Java 代码由于某种原因无法正常执行时，就会生成一个异常（Exception 类的一个对象），其中包含错误消息和对当前执行栈的一个跟踪（stack trace）。为了应对这种错误，我们必须在代码中使用 try-catch 语句。

以前讲过，try-catch 语句允许尝试运行一个代码块，并对运行过程中可能出现的任何错误做出响应。这可能会导致某些执行决策，会对你的程序产生较为广泛的影响，所以值得讨论一下。清单 9-2 展示了一些 try-catch 语句的例子。留意代码中的一些细微之处，我们接下来会讨论它们。

清单 9-2　捕捉各种异常的 try-catch 语句

```
// 代码
01 System.out.println("Exception #1:");
02 try {
03     String s = null;
04     int l = s.length();
05 } catch (Exception e) {
06     e.printStackTrace();
```

```
07 }
08
09 System.out.println("Exception #2:");
10 try {
11     String s = null;
12     int l = s.length();
13 } catch (NullPointerException e) {
14     e.printStackTrace();
15 }
16
17 System.out.println("Exception #3:");
18 try {
19     String s = null;
20     int l = s.length();
21     l = Integer.parseInt("not an integer");
22 } catch (NullPointerException | NumberFormatException e) {
23     e.printStackTrace();
24 }
25
26 System.out.println("Exception #4:");
27 try {
28     String s = null;
29     int l = s.length();
30     l = Integer.parseInt("not an integer");
31 } catch (Exception e) {
32     e.printStackTrace();
33 }
```

```
// 输出
01 Exception #1:
02 java.lang.NullPointerException
03     at net.middlemind.PongClone.NewClass.main(NewClass.java:290)
04
05 Exception #2:
06 java.lang.NullPointerException
07     at net.middlemind.PongClone.NewClass.main(NewClass.java:298)
08
```

```
09 Exception #3:
10 java.lang.NullPointerException
11    at net.middlemind.PongClone.NewClass.main(NewClass.java:306)
12
13 Exception #4:
14 java.lang.NullPointerException
15    at net.middlemind.PongClone.NewClass.main(NewClass.java:315)
```

注意第 1 行 ~ 第 15 行的异常 1 和异常 2，我们有两个看似相同的 try-catch 语句。你能分辨两者的区别吗？如果你发现两者捕捉的是不同的异常，那么恭喜你。异常 1 捕捉的是 Exception 类的对象；它是其他所有 Java 异常的超类。

捕获这种类型的异常不会给我们任何关于出错的具体信息。

随后的 try-catch 语句，即异常 2，虽然结构类似，但它明确捕捉 NumberFormatException 异常，这是一个更具体的异常类。这个版本的 try-catch 语句更直观，因为可以清楚地看到代码被设计用来处理什么类型的错误。一般来说，我会同意采取这种做法。然而，有时我也会反其道而行之，故意捕捉更一般的异常。为什么呢？

好吧，在编写 Java 程序和各种游戏时，很多时候其实真的不关心具体错误是什么，就只是关心是否出错。在这种情况下，就可以捕捉更一般的异常。但要记住，最佳实践是先捕捉较具体的异常，再捕捉较一般的。

上述代码的最后两个异常，即异常 3 和异常 4，则展示了一种新版本的 try-catch 语句。它能捕捉多种类型的异常。

注意，在第 23 行，try-catch 语句的 catch 子句可同时捕捉 NullPointerException 和 NumberFormatException 异常。

把它与最后一个异常例子并列，后者只捕捉超类 Exception 的对象。在这种情况下，我们对 try-catch 中的代码所掌握的信息要少很多。我们不知道它可能抛出什么异常。注意，必须调整代码以抛出每一种类型的异常，因为无论先遇到哪种异常，都会退出 try 子句。

这又回到了形式与功能的话题。如果知道异常的具体类型对你有好处，并且能使你的代码更直观和可重用，那么就捕捉较具体的异常。如果只关心什么时候出错，而不是为什么出错，那么不要在 try-catch 语句中捕捉较具体的异常。

在下一节中，我们将谈一谈如何自定义异常。

9.3.2　定义异常

和 Java 的其他任何东西一样，异常也是基于类的。如前所述，Java 编程语言中的所有异常都是 Exception 超类的子类。因此，完全可以自定义异常并在自己的代码中使用。清单 9-3 展示了一个例子。

清单 9-3　自定义异常

```
1 public class MyException extends Exception {
2     public MyException(String errorMessage) {
3         super(errorMessage);
4     }
5 }
```

在这个清单中，我们通过继承来扩展 Exception 超类，从而创建了一个新的异常类。定义好自己的异常类后，可以在自己觉得合适的地方使用。清单 9-4 展示了如何使用刚好创建的 MyException 类。

清单 9-4　使用自定义异常类

```
// 代码
1 public void ProcessImage(MmgBmp image) throws MyException {
2     if(image.GetWidth() < 10 || image.GetHeight() < 10) {
3         throw new MyException("Image resource is too small!");
4     }
5 }
```

```
// 输出
net.middlemind.PongClone.MyException: Image resource is too small!
    at net.middlemind.PongClone.NewClass.main(NewClass.java:302)
```

在这个例子中，我们在一个虚构的 ProcessImage 方法中使用这个异常。该方法获取一个 MmgBmp（图像资源参数），并且不返回任何值。方法的目的是检查传入的图像参数，确保其宽度和高度大于 10 像素。如果不是，就抛出一个异常。

注意，该方法在方法声明中使用 throws 关键字声明在方法的主体中应抛出什么异常。可以指定多个异常，用逗号分隔即可。当我们想抛出一个异常时，就使用 throw 关键字，后跟想要抛出的异常类的实例。在本例中，我们使用之前创建的 MyException 类，并提供一条描述性的错误消息。

但是，这个实现并不理想。为什么？原因是异常类并不能说明它所要表达的错误。将异常类命名为 ImageResourceException 而不是 MyException 就好多了。再说一遍，不管怎么实现，都要尽量保证直观和清晰。

在下一节中，将简单介绍如何利用抛出的异常所反馈的信息，即栈跟踪（stack trace）。

9.3.3　栈跟踪

Java 编程的一个重要方面是处理未预见到的错误。这些错误会以异常的形式呈现，并在你最不希望的时候以最糟糕的方式使程序崩溃。未捕捉的异常发生后，通常会生成一条消息和一个栈跟踪，并以文本形式打印到标准输出设备。

有的时候，程序的执行环境不允许你访问输出流。你可能不得不尝试在程序本身中捕捉和定位错误。在这种情况下，明智的做法是实现一个高层次的 try-catch 来捕捉所有异常，防止程序完全崩溃。这使你有机会显示一些关于错误的信息，而且可以用它来解决问题。

不管什么情况，大多数时候都应该能访问异常栈。NetBeans 负责将项目执行过程中的任何输出直接显示在 IDE 的一个面板上。让我们来看看一个栈跟踪的例子，这样就能更好地了解它为我们提供的信息，以及如何利用它来修复 bug。

清单 9-5　简单异常栈跟踪的例子

```
1 net.middlemind.PongClone.MyException: Image resource is too small!
2     at net.middlemind.PongClone.NewClass.main(NewClass.java:302)
```

这个栈跟踪应该很熟悉。之前在讨论异常处理的时候看到过这个。这里重新使用了它，因为它是如此简单。抛出异常的代码在项目的 static main 方法中。这意味着栈跟踪只包含一个条目。异常对象提供的消息如下所示：

```
net.middlemind.PongClone.MyException: Image resource is too small!
```

它告诉我们异常的类别和与异常相关的消息。接下来显示的是行号和异常的来源方法，如下所示：

```
net.middlemind.PongClone.NewClass.main(NewClass.java:302)
```

PongClone 项目有一个名为 NewClass 的类，它是我的个人测试类。在 static main 方法中出现了一个错误，具体在第 302 行。我把这个异常移到一个新的静态方法 ExceptionTest 中来说明"栈"。以前说过，只有静态类的成员才可以在没有对象实例的情况下从静态方法中访问。现在，让我们运行这个程序，看看异常栈跟踪是什么样子的，如下所示：

```
net.middlemind.PongClone. MyException: Image resource is too small!
    at net.middlemind.PongClone.NewClass.ExceptionTest(NewClass.java:302)
    at net.middlemind.PongClone.NewClass.main(NewClass.java:339)
```

花些时间看一下栈跟踪，想想发生了什么。跟踪信息现在多出了一行，因为导致异常的代码现在位于 ExceptionTest 方法中。推而广之，这告诉我们，栈跟踪中的第一个行号是导致错误的代码行的位置，而第二个行号是执行栈中的第一个方法的位置。

所以，理解栈跟踪其实不难。在处理一个很长的空指针异常的栈跟踪时，你现在应该更有信心了。

9.4 小结

通过本章的学习，我希望你在如何调试 Java 程序方面学到了一点东西。本章是一个简短而温馨的章节。我设法涵盖了相当多的重要主题。下面来看看本章的主要内容。

1. 通过输出跟踪来调试：详细介绍了调试程序的最简单的方法，即使用输出语句来勾勒出某个方法或代码块的执行路径。
2. IDE 自带的调试功能：讲解了更高级的 NetBeans IDE 调试功能，它支持断点，并允许在遇到断点后选择后续如何执行代码。
3. 异常处理：重温了 try-catch 语句，讨论了在代码中实现 try-catch 语句的一些理念。
4. 定义异常：讨论了如何定义和使用自己的异常。
5. 栈跟踪：简单介绍了 Java 异常的栈跟踪。

这一章是对 Java 编码工具箱的补全，你甚至理解了最难掌握的 Java 异常，而且学会了如何自定义异常，在程序中通过抛出异常来进行响应。

第 10 章

结语

欢迎来到本书最后一章！如果你都看到了这里，表明你已经完成了一次充满乐趣的 Java 编程之旅，还接受了一些编程挑战，对所学的知识进行了巩固。这是值得骄傲的事情。你已经获得了很多好的经验，为自己的编码工具箱建立了一套好用的工具。让我们花点时间来回顾一下通过本书取得的成就。

10.1 学习成就

本书涵盖了许多重要主题。我们从了解 Java 编程语言的起源开始，然后学习了变量、数据结构，甚至学习了面向对象编程。下面概述了一些重点主题。

第 1 章

1. 设置环境：概述如何准备 Java 游戏开发环境和 NetBeans IDE。
2. 体验游戏：试运行本书的游戏开发项目。
3. *Pong Clone*（克隆兵）：最简单的项目，经典游戏《兵》（*Pong*）的克隆。
4. *Memory Match*（记忆配对）：第二复杂的项目，考验你对各种卡片的记忆力。
5. *Dungeon Trap*（地牢陷阱）：最复杂的游戏，与一波又一波的怪物战斗，尽量坚持存活。

第 2 章

1. 基本语法规则：详细讨论了 Java 编程语言的基本语法规则。
2. 关键字 / 保留字：讨论了语言的关键字和保留字。
3. 游戏主循环：游戏主循环是游戏开发最重要的概念之一。
4. 程序结构：讨论了 Java 游戏项目的结构。

第 3 章

1. 基本数据类型：讨论了 Java 语言的基本数据类型。

2. 游戏编程挑战 1：基本数据类型。这个编程挑战测试你对基本数据类型的了解，
   要求修改游戏项目的一个副本的代码。

3. 高级数据类型：介绍 Java 中更高级的数据类型，例如数组。

4. 游戏编程挑战 2：ArrayList：这个编程挑战测试你对高级数据类型 ArrayList 的
   掌握情况。

第 4 章

1. 表达式和操作符：详细讨论了 Java 编程语言支持的各种表达式和操作符。

2. 流程控制：讨论了语言支持的流程控制语句，例如 switch 和 if。

3. 游戏编程挑战 3：流程控制。这个编程挑战测试你对 Java 流程控制语句的掌握。

4. 关于变量的更多知识：深入了解 Java 变量的某些关键方面，例如枚举
   和类。

5. 游戏编程挑战 4：枚举。这个编程挑战用来测试你对 Java 枚举的掌握。

第 5 章

1. 关于数据结构的更多知识：讨论了最常见的数据结构及其用法。

2. 参数化类型和数据结构：讨论了参数化数据结构的概念。

3. 游戏编程挑战 5：栈。要求重构代码，用栈来替换列表，这是本书较难的挑战
   之一。

第 6 章

1. for 循环：讨论 Java 支持的不同类型的 for 循环，包括普通 for 循环和 for-
   each，后者能以安全的方式遍历数据结构中的所有元素。

2. while 循环：这是所有编程语言最基本的循环结构。

3. 游戏主循环：重拾游戏主循环的话题，我们详细解释了几种不同类型的游戏主
   循环。

4. 游戏编程挑战 6：for-each 循环。任务是将 for 循环重构为 for-each 循环。

第 7 章

1. 类：重温了类的概念，涵盖了 Java 类最重要的方面。

2. 游戏编程挑战 7：MmgBmp 类。一个有趣的编程挑战，旨在让你获得更多使用游戏引擎提供的一些类的经验，特别是图像类 MmgBmp。

3. 游戏编程挑战 8：ScreenGame 类。一个后续挑战，要求处理用户输入和上一个挑战所配置的图像。

4. 类的高级主题：我们花点时间讨论了一些更高级的类主题，包括类成员的访问和静态主入口点。

5. 游戏编程挑战 9：Dungeon Trap 的静态主入口点。这个编程挑战帮助你巩固 Java 静态主入口点的概念。

第 8 章

1. 封装：本章讨论一些关键的 OOP（面向对象编程）概念，包括封装。

2. 继承：讨论了 Java 的类继承。

3. 多态性：这是本书涉及的最后一个高级 OOP 主题；我们探讨了 Java 编程语言的多态性的概念。

4. 导入类库：介绍了如何创建和使用类库。

5. 游戏编程挑战 10：新建游戏项目。一个非常重要的编程挑战，任务是为新开发的游戏打下基础，利用了 Pong Clone 游戏的一个副本。

第 9 章

1. 基本调试：讨论了基本的 Java 代码跟踪技术，以发现 bug 并跟踪执行路径。

2. 高级调试：还讨论了一些更高级的调试技术，使用 NetBeans IDE 自带的功能来跟踪代码。

3. 异常：介绍了 Java 中的异常，解释了如何创建和使用自己的异常类。

即使只列出了较高层次的主题，即每一章最重要的那些，但我们显然已经涵盖了很多内容。从现在开始，在 Java 编程语言中，很少会有你没有以某种方式接触过的方面。

当然，肯定有一些内容我们没有讲到。我鼓励你进一步探索 Java 编程语言，并学习更多的高级主题，例如引用、抽象类和接口。

10.2　技能提升建议

完成本书的学习后，下一步朝着什么方向发展呢？这真的取决于你。但是，请允许我提出几点建议。

- 进一步探索 Java 编程语言，研究本书没有涉及的一些高级主题，例如接口、抽象类和对象引用。
- 对本书的视频游戏项目进行修改。通过本书的一系列编程挑战，你已经有了使用相关游戏项目的很多经验。上前一步，拿其中任何一个项目来练手，实现你希望的新游戏功能。尽情地玩！
- 从 Pong Clone 种子项目开始自己动手构建视频游戏。既然已经学会了如何为视频游戏创建一个新的种子项目，那么为何不真的试试构建一个自己的游戏呢？
- 继续运用 Java 来编程，进一步了解关于 Java 标准类框架所包含的类。一个好的起点是 https://docs.oracle.com/en/java/javase/11/docs/api/index.html。
- 制作 Memory Match 游戏的一个特别版本，使用由 Katia Pouleva 创造的秘密 Memory Match Pro 图像。在 MemoryMatch 项目的文件夹中找一找。

没有做不到，只有想不到。通过本书学到的编程知识还能应用于其他任何语言、下一个 Java 程序甚至下一个伟大的游戏。如果真的想深入学习 Java 游戏编程，那么可以考虑为本书视频游戏项目提供动力的游戏引擎，请访问以下 GitHub 存储库：

https://github.com/Apress/introduction-video-game-engine-development

这里详细描述了游戏引擎代码，可以为你后续的游戏编程之旅提供进一步的帮助。

10.3 后会有期

好了，现在是说再见的时候了。希望本书能为你提供一定的知识以及使用 Java 编程语言的经验，能帮助你动手编写自己的程序甚至游戏。祝您心想事成，咱们后会有期！